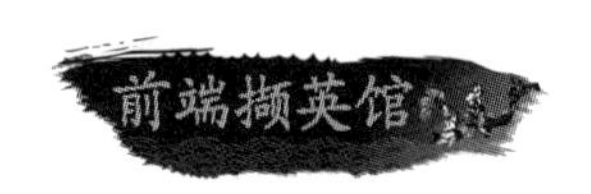

实战ES2015

深入现代 JavaScript 应用开发

小问 著

電子工業出版社
Publishing House of Electronics Industry
北京•BEIJING

内 容 简 介

ES2015 一直吸引着众多 JavaScript 开发者去积极尝试，如今，使用 ES2015 标准进行工程开发也已深入人心。随着工程师们对 ES2015 的热情日益增长，许多新特性应运而出。本书为读者介绍了 ES2015 的详细特性和意义，以及 JavaScript 在 ES2015 标准中的表现，同时向读者展示了利用 ES2015 中的新特性完成的 JavaScript 应用开发实例，以实际案例说明利用 ES2015 的新特性如何提高 JavaScript 应用前端和后端的开发效率。

图书在版编目（CIP）数据

实战 ES2015：深入现代 JavaScript 应用开发 / 小问著. —北京：电子工业出版社，2016.10
ISBN 978-7-121-30018-9

Ⅰ. ①实… Ⅱ. ①小… Ⅲ. ①JAVA 语言－程序设计 Ⅳ. ①TP312.8

中国版本图书馆 CIP 数据核字(2016)第 238713 号

策划编辑：张春雨
责任编辑：徐津平
印　　刷：北京天宇星印刷厂
装　　订：北京天宇星印刷厂
出版发行：电子工业出版社
　　　　　北京市海淀区万寿路 173 信箱　　邮编：100036
开　　本：787×980　1/16　印张：18.5　字数：385 千字
版　　次：2016 年 10 月第 1 版
印　　次：2017 年 1 月第 2 次印刷
印　　数：1500 册　　定价：79.00 元

凡所购买电子工业出版社图书有缺损问题，请向购买书店调换。若书店售缺，请与本社发行部联系，联系及邮购电话：（010）88254888，88258888。

质量投诉请发邮件至 zlts@phei.com.cn，盗版侵权举报请发邮件至 dbqq@phei.com.cn。

本书咨询联系方式：010-51260888-819，faq@phei.com.cn。

前言

历时至少 7 年制定的新 ECMAScript 标准——ECMAScript 6（亦称 ECMAScript Harmony，简称 ES6），终于在 2015 年 6 月正式发布。ES6 也被称为 ES2015，自从 2009 年上一个标准版本 ES5 发布以来，ES2015 就一直以其新语法、新特性吸引着众多 JavaScript 开发者，驱使他们积极尝鲜。

> ES6 的第一个特性草案发布于 2011 年 7 月。

虽然各大浏览器厂商所开发的 JavaScript 引擎至今都还没有实现对 ES2015 中所有特性的完美支持，但这并不能阻挡工程师们对 ES2015 的热情。于是，Babel、Traceur 等编译器便出现了。在 ES2015 标准正式发布之前，这些编译器便能将尚未得到支持的 ES2015 特性转换为 ES5 标准的代码，使其得到浏览器的支持。其中，Babel 因具有模块化转换器（Transpiler）这一设计特点赢得了绝大多数 JavaScript 开发者的青睐，本文也将以 Babel 为基础工具，向大家展示 ES2015 的神奇魅力。

如今，使用 ES2015 标准进行工程开发已经深入人心，甚至连 ES2016 标准也已经在 2016 年正式发布。在这个如此恰当的时机，我觉得应该写一本通俗易懂的关于 ES2015 标准的书来引导广大 JavaScript 爱好者和工程师向新时代迈进。

本书内容

本书以 JavaScript 作为基本编程语言，并以最新的 ES2015 标准作为 JavaScript 代码编写标准，旨在向读者展示如何以最新的 JavaScript 代码标准编写出更具可读性、更方便、更具工程化优势的代码。

本书首先介绍了 JavaScript 标准版本的发展历史，然后简要概括了 ES2015 的作用和意义。在此基础上，详细讲解了 JavaScript 在 ES2015 标准中新增内容（如箭头函数、模板字符串、新的数据结构、类语法、生成器等）的基本用法和注意要点。当大部分读者对 ES2015 有了进一步的了解后，本书便会以实际的开发项目向大家展示如何利用 ES2015 标准，较好地实现 JavaScript 应用。

最后，本书还会对最新发布的 ES2016 标准进行研究和探讨，展望未来 JavaScript 的发展方向。

本书读者

本书的目标读者有以下三类：

1．正在学习 JavaScript 开发，对 JavaScript 语言有基本的了解和熟悉度，且希望能更早地了解 JavaScript 的发展情况的人。

2．正从事 JavaScript 开发相关工作，熟悉 JavaScript 的基本开发要领，且有意掌握最新的 JavaScript 技术进行自我提升的 Web 工程师（此处不区分前端与后端）。

3．希望更深入地研究 JavaScript 这门开发语言的 JavaScript 工程师。

与此同时，本书也适合正使用其他编程语言（如 Python、Ruby、Java 等）进行 Web 开发的工程师来学习现代前端开发的知识。

使用示例

要运行本书中的示例，需要安装以下系统及软件。

- 操作系统：Mac OS X 10.9 或以上版本、Windows 7 或以上版本、Linux。
- 浏览器：Google Chrome、Safari、Firefox、Internet Explorer 11、Windows Egde。
- 运行环境：Node.js 4.0 或以上版本。

本书结构

第 1 章　回顾 ECMAScript 版本发展历程

讲述了历代 ECMAScript 标准版本的发展历程以及对前一个版本的新增和修正。对于不了解 ECMAScript 或 JavaScript 的初学者来说，了解 ECMAScript 的发展历程有助于更好地理解它的现状，同时也对往后的学习有更好的帮助。

第 2 章 ES2015 能为 JavaScript 的开发带来什么

对于企业来说，一项技术最重要的是它能为企业带来的效益，ES2015 中集成了不少从前需要开发者自行完成的特性或工具，能够加强 ECMAScript 所属语言的工程化属性。

第 3 章 ES2015 新语法详解

详细介绍 ES2015 中比较重要几种特性，并以较为常见的例子说明它们的作用方法，使读者能更好地理解。从诞生缘由、使用方法以及相关事例几个方面来介绍每一个新的特性，与其他介绍 ES2015 标准的文章或书籍不一样的是，本书将以一线工程师在实际开发经验中总结出来的注意事项为例，将一些已知的、容易出现的错误点讲明白。

第 4 章 ES2015 的前端开发实战

以 Filmy 为背景，利用 ES2015 标准开发该项目的前端 JavaScript 应用部分，其中涉及 JavaScript 的模块化开发、第三方库的使用、前端 JavaScript 应用工程化等内容。开发该项目本着能够真正投入使用的原则，旨在让读者明白如何将 ES2015 这一新标准运用到开发当中来优化和提升开发体验，同时积累实际经验。

第 5 章 ES2015 的 Node.js 开发实战

以竞技比赛直播系统为开发内容，讲述 ES2015 在 Node.js 中的开发体验以及相对于 ES5 时代中 Node.js 开发的改进之处。另外，这个项目还会使用到一些新的 Web 技术，如使用 WebSocket、WebRTC（P2P）等通信 API 来替代一些较为老旧的通信技术，以体现在众多新潮技术的帮助下，目前最为火热的直播类应用如何进行开发。

第 6 章 ES2016 标准

在 ES2015 标准之后，ECMA 标准委员会在 2016 年发布了 ES2016 标准。这章介绍 ES2016 相对于 ES2015 有了哪些改进，以及为开发者带来了哪些更引人注目的特性。

第 7 章 展望更远的未来

ECMAScript 一直处在快速发展的过程中，除了 ES2015 和 ES2016 中所包含的新特性以外，更有很多让人兴奋的新特性处在实验开发阶段，这些功能很可能会在不久的将来进入 ECMAScript 标准。

写作感言

这本书是由一篇较长的关于 ES2015 标准介绍的文章所发展出来的，历时 6 个月写作完成。在这 6 个月中，ECMA 委员会还发布了最新的 ES2016 标准，而国内外不同的团队对 ES2015 甚至 ES2016 的使用率也渐渐达到了一个前所未有的高度，新语法、新特性的使用也开始成为 JavaScript 开发团队中的标配。

另外我还得特别感谢一些人。首先要感谢我的家人，在我成为“全职作者”的这段时间内所给予我的支持和鼓励。感谢这本书的策划编辑张春雨老师，是他给予了我这个机会将一篇文章写成了一本完整的书籍，也是他让我重新捡起了搁置多年的出版计划。同时还要感谢贺师俊老师（hax）、程邵非老师（winter）等前辈给予本书的大力支持和宝贵建议，使得这本书的内容不至于空洞，也让我受益良多。

联系作者

我由衷地感谢你购买了此书，希望你会喜欢它，也希望它能够为你带来你所希望获得的知识。虽然我已经非常细心地检查书中所提到的所有内容，但仍有可能存在疏漏，若你在阅读过程中发现错误，在此我先表示歉意。同时欢迎你对本书的内容和相关源代码发表意见和评论。你可以通过我的私人邮箱 willwengunn@gmail.com 与我取得联系，清楚地说明来意，我会一一解答你的疑惑。

目录

第 1 章　ECMAScript 版本发展历程 1

1.1　ECMAScript 的历史更替 2

1.1.1　ECMA-262 / ECMA-262 Edition 2 2

1.1.2　ECMA-262 Edition 3 3

1.1.3　ECMA-262 Edition 5 4

1.1.4　ECMA-262 Edition 4 4

1.2　小结 5

第 2 章　ES2015 能为实际开发带来什么 6

2.1　ES2015 概述 6

2.2　语法糖 7

2.3　工程优势 8

2.3.1　模块化 8

2.3.2　模块化与组件化结合 11

2.3.3　内存安全 13

2.4　小结 14

第 3 章　ES2015 新语法详解 15

3.1　let、const 和块级作用域 16

3.1.1　块级作用域 16

3.1.2　let 定义变量 20

3.1.3　const 定义常量 22

3.1.3.1　使用语法 23

3.1.3.2　const 与块级作用域 25

3.1.4 变量的生命周期......27
3.1.5 更佳体验......29
3.1.5.1 let VS const......29
3.1.5.2 let、const 与循环语句......30
3.2 箭头函数（Arrow Function）......31
3.2.1 使用语法......31
3.2.1.1 单一参数的单行箭头函数......31
3.2.1.2 多参数的单行箭头函数......31
3.2.1.3 多行箭头函数......32
3.2.1.4 无参数箭头函数......32
3.2.2 this 穿透......33
3.2.2.1 程序逻辑注意事项......34
3.2.2.2 编写语法注意事项......36
3.3 模板字符串（Template String）......37
3.3.1 字符串元素注入......37
3.3.2 多行字符串......37
3.3.3 模板字符串使用语法......38
3.3.3.1 支持字符串元素注入......38
3.3.3.2 支持换行......39
3.3.4 注意事项......41
3.4 对象字面量扩展语法（Enhanced Object Literals）......41
3.4.1 函数类属性的省略语法......41
3.4.2 支持 __proto__ 注入......42
3.4.3 可动态计算的属性名......43
3.4.4 将属性名定义省略......44
3.5 表达式结构（Destructuring）......45
3.5.1 使用语法......47
3.5.1.1 使用对象作为返回载体（带有标签的多返回值）......47
3.5.1.2 使用数组作为返回载体......47
3.5.2 使用场景......48
3.5.2.1 Promise 与模式匹配......48
3.5.2.2 Swap（变量值交换）......49

3.5.3 高级用法 49
3.5.3.1 解构别名 50
3.5.3.2 无法匹配的缺省值 50
3.5.3.3 深层匹配 50
3.5.3.4 配合其他新特性 52
3.6 函数参数表达、传参 53
3.6.1 默认参数值 54
3.6.1.1 使用语法 54
3.6.1.2 使用场景 54
3.6.2 剩余参数 55
3.6.2.1 使用语法 56
3.6.2.2 使用场景 57
3.6.2.3 注意事项 57
3.6.3 解构传参 58
3.7 新的数据结构 59
3.7.1 Set 有序集合 59
3.7.1.1 使用语法 60
3.7.1.2 增减元素 61
3.7.1.3 检查元素 61
3.7.1.4 历遍元素 61
3.7.2 WeakSet 62
3.7.3 Map 映射类型 64
3.7.3.1 使用语法 64
3.7.3.2 增减键值对 65
3.7.3.3 获取键值对 66
3.7.3.4 检查映射对象中的键值对 66
3.7.3.5 历遍映射对象中的键值对 66
3.7.3.6 映射对象与 Object 的区别 67
3.7.4 WeakMap 67
3.8 类语法（Classes） 68
3.8.1 使用语法 69
3.8.1.1 基本定义语法 69
3.8.1.2 继承语法 70

3.8.1.3 Getter/Setter 72
3.8.1.4 静态方法 73
3.8.1.5 高级技巧 77
3.8.2 注意事项 78
3.8.3 遗憾与期望 79
3.9 生成器（Generator） 80
3.9.1 由来 80
3.9.2 基本概念 81
3.9.2.1 生成器函数（Generator Function） 81
3.9.2.2 生成器（Generator） 82
3.9.3 使用方法 83
3.9.3.1 构建生成器函数 83
3.9.3.2 启动生成器 83
3.9.3.3 运行生成器内容 84
3.9.4 深入理解 85
3.9.4.1 运行模式 85
3.9.4.2 生成器函数以及生成器对象的检测 85
3.9.4.3 生成器嵌套 88
3.9.4.4 生成器与协程 90
3.10 Promise 93
3.10.1 基本语法 94
3.10.1.1 创建 Promise 对象 94
3.10.1.2 进行异步操作 94
3.10.1.3 处理 Promise 的状态 95
3.10.2 高级使用方法 97
3.10.2.1 Promise.all(iterable) 97
3.10.2.2 Promise.race(iterable) 97
3.11 代码模块化 98
3.11.1 引入模块 99
3.11.1.1 引入默认模块 99
3.11.1.2 引入模块部分接口 100
3.11.1.3 引入全部局部接口到指定命名空间 101
3.11.1.4 混入引入默认接口和命名接口 101

3.11.1.5 不引入接口，仅运行模块代码 102

3.11.2 定义模块 102

3.11.3 暴露模块 103

3.11.3.1 暴露单一接口 103

3.11.3.2 暴露模块默认接口 104

3.11.3.3 混合使用暴露接口语句 104

3.11.3.4 从其他模块暴露接口 105

3.11.3.5 暴露一个模块的所有接口 105

3.11.3.6 暴露一个模块的部分接口 106

3.11.3.7 暴露一个模块的默认接口 106

3.12 Symbol 106

3.12.1 基本语法 107

3.12.1.1 生成唯一的 Symbol 值 107

3.12.1.2 注册全局可重用 Symbol 108

3.12.1.3 获取全局 Symbol 的 key 109

3.12.2 常用 Symbol 值 109

3.12.3 Symbol.iterator 110

3.12.3.1 for-of 循环语句与可迭代对象 111

3.12.3.2 使用 Symbol.iterator 定义一个可迭代对象 111

3.12.4 Symbol.hasInstance 113

3.12.5 Symbol.match 113

3.12.6 Symbol.unscopables 114

3.12.7 Symbol.toPrimitive 115

3.12.8 Symbol.toStringTag 116

3.13 Proxy 117

3.13.1 元编程 117

3.13.2 使用语法 118

3.13.3 handler.has 119

3.13.4 handler.get 120

3.13.5 handler.set 121

3.13.6 handler.apply 122

3.13.7 handler.construct 122

3.13.8　创建可解除 Proxy 对象 123
3.13.9　使用场景 123
3.13.9.1　看似“不可能”的自动填充 123
3.13.9.2　只读视图 124
3.13.9.3　入侵式测试框架 125
3.14　小结 127

第 4 章　ES2015 的前端开发实战 129

4.1　Filmy 的功能规划 129
4.1.1　数据分级 130
4.1.2　数据结构 130
4.1.2.1　核心数据 130
4.1.2.2　分类数据 131
4.1.2.3　相册数据 131
4.1.3　数据搜索 132
4.1.3.1　搜索分类 132
4.1.3.2　搜索相册 132
4.1.4　界面原型规划 133
4.1.4.1　着陆页面 133
4.1.4.2　分类目录页面 133
4.1.4.3　分类内容页面 134
4.1.4.4　相册页面 134
4.2　功能组件分割 135
4.2.1　根组件分割 135
4.2.2　着陆页面 136
4.2.3　目录页面 136
4.2.4　分类页面 137
4.2.5　相册页面 137
4.3　技术选型 139
4.3.1　整体架构 139
4.3.2　数据层 139
4.3.3　逻辑层及 UI 层 140

4.3.3.1 AngularJS......141
4.3.3.2 React.js......141
4.3.3.3 Vue.js......142
4.3.4 程序架构......143
4.3.4.1 路由组件......143
4.3.4.2 数据组件......144
4.3.4.3 视图组件......145
4.4 数据层开发......146
4.4.1 安装依赖......147
4.4.2 配置七牛 JavaScript SDK......147
4.4.3 核心配置数据......150
4.4.3.1 获取核心配置数据......150
4.4.3.2 更新配置数据......151
4.4.4 分类数据......154
4.4.4.1 数据结构......155
4.4.4.2 数据索引......157
4.4.4.3 更新分类数据......159
4.4.5 相册数据......159
4.4.5.1 数据加载......160
4.4.5.2 数据更新......161
4.4.5.3 数据检索......161
4.5 入口文件与路由组件开发......165
4.5.1 路由基础组件......166
4.5.2 入口文件......166
4.5.2.1 简单的字符串处理......167
4.5.2.2 多国语言处理......168
4.6 着陆页面开发......170
4.6.1 路由组件开发......171
4.6.2 着陆页视图......174
4.6.2.1 引入数据......174
4.6.2.2 绑定视图......174
4.6.3 分类目录视图......177

4.6.3.1　分类元素视图组件......177
4.6.3.2　渲染分类目录......178
4.6.4　路由组件、视图组件与数据组件的联系......180
4.6.4.1　在逻辑控制器中进行数据操作......180
4.6.4.2　在视图中进行数据操作......181
4.6.4.3　组织方式的区别与项目应用......182
4.7　分类页面开发......182
4.7.1　路由组件开发......183
4.7.2　分类元素视图组件......185
4.7.3　相册列表视图组件......186
4.7.4　相册页面开发......188
4.7.4.1　相册页面的路由组件......188
4.7.4.2　相册信息视图组件......189
4.7.4.3　图片列表视图组件......189
4.8　管理工具开发......190
4.9　初始化 Filmy 实例......191
4.9.1　基本元素......192
4.9.2　基本逻辑......194
4.9.2.1　获取七牛云的上传凭证......195
4.9.2.2　检查并处理管理员对背景图片的填写方式......196
4.9.2.3　将核心数据部署到七牛云上......197
4.10　管理工具的总体组织......197
4.10.1　管理页面的总体架构......198
4.10.2　侧边栏......198
4.10.3　路由配置......200
4.11　相册发布页面......202
4.11.1　基本逻辑......202
4.11.1.1　绑定数据......202
4.11.1.2　绑定元素以接收文件上传......203
4.11.2　上传数据......204
4.11.2.1　图片上传逻辑......204
4.11.2.2　数据提交......205

4.12 打包发布 206
4.12.1 准备工作 206
4.12.2 配置 webpack 207
4.12.2.1 安装依赖 207
4.12.2.2 编写配置文件 207
4.12.3 发布到云端 209
4.13 小结 210

第 5 章 ES2015 的 Node.js 开发实战 211

5.1 Duel Living 的功能规划 211
5.1.1 基本产品组织 211
5.1.2 数据结构 213
5.1.2.1 赛事（Duel） 213
5.1.2.2 消息（Message） 214
5.1.2.3 参赛方（Player）和主持人（Host） 216
5.1.3 数据结构的关系 216
5.2 数据层开发 217
5.2.1 文件结构 217
5.2.2 安装依赖 217
5.2.3 主持人数据和参赛方数据 218
5.2.4 赛事数据 223
5.2.5 消息数据 225
5.3 服务端基本架构开发 227
5.3.1 安装依赖 227
5.3.2 程序入口 229
5.3.3 路由表 229
5.4 API 开发 230
5.4.1 API 安全 230
5.4.2 赛事 API 231
5.4.2.1 获取当前可用的所有赛事信息 232
5.4.2.2 获取指定赛事数据 232
5.4.2.3 创建新的赛事 233

5.4.3 消息 API 236
5.4.3.1 获取指定赛事中的若干消息 236
5.4.3.2 发布消息到指定赛事 237
5.5 直播网络 237
5.5.1 网络架构 238
5.5.1.1 集中架构 238
5.5.1.2 分布式架构 239
5.5.1.3 P2P 网络 239
5.5.2 技术实现 240
5.5.3 WebSocket 服务端 241
5.5.3.1 建立 WebSocket 服务端实例 242
5.5.3.2 建立 WebSocket 通讯连接 242
5.5.3.3 广播消息 244
5.5.4 P2P 协调服务端 245
5.5.4.1 建立 P2P 协调连接 245
5.5.4.2 存储客户端地理信息 246
5.5.4.3 匹配最相近的客户端 248
5.6 直播间客户端 249
5.6.1 准备工作 249
5.6.2 建立直播通信 250
5.6.2.1 建立 PeerJS 客户端实例 251
5.6.2.2 建立 WebSocket 通信连接 251
5.6.2.3 建立 P2P 通信连接 253
5.6.3 处理消息 253
5.7 部署应用 255
5.7.1 编译代码 255
5.7.2 运行程序 256
5.7.3 发布部署 257
5.8 小结 258

第 6 章 ES2016 标准 259

6.1 Array.prototype.includes 259

6.2 幂运算符 260
6.3 小结 261

第 7 章 展望更远的未来 262

7.1 async/await 262
7.2 Decorators 264
7.2.1 简单实例 264
7.2.2 黑科技 265
7.3 函数绑定 266
7.4 小结 267

附录 A 其他 ES2015 新特性 268

第 1 章

ECMAScript 版本发展历程

ECMAScript 是欧洲计算机制造商协会（European Computer Manufacturers Association，ECMA）以 JavaScript 为基础制定的一种脚本语言标准，其中包含了 ECMA-262 和 ECMA-402 等规范。实际上，ECMAScript 与其主要运用场景的 Web 浏览器并不存在相互依赖的关系，虽说 Web 浏览器这一宿主环境的某些特性也直接成为制定 ECMAScript 时的参考因素，但是如今 ECMAScript 已经超越了 Web 浏览器脚本这一角色，成为了一种真正的通用语言标准。

我们常见的 Web 浏览器或 JavaScript 运行环境（如 V8 引擎）只是根据 ECMAScript 规范实现了一套 JavaScript 运行引擎，使其作为宿主环境并让 JavaScript 可以作为其脚本语言运行。

ECMA-262 标准中规定了以下几个方面：

- 语法
- 类型
- 语句
- 关键字
- 保留字
- 操作符
- 对象
- 原生 API

而 ECMAScript 则是对实现这些规定的语言的描述。JavaScript 便是 ECMAScript 的一种实现，此外较为知名的实现是 Adobe 公司的 ActionScript，主要运用于 Adobe Flash 运行环境中。

1.1　ECMAScript 的历史更替

至今，ECMAScript 已经经历了 7 个大版本的更替，而最新的第 8 版也在紧张制定中。本书讨论的 ES2015 之前的版本是 ES5[1]，发布于 2009 年 12 月。表 1.1 所示为 ECMAScript 版本与对应的发布时间。

表 1.1　ECMAScript 版本与发布时间

标准标题	发布时间
ECMA-262	1997 年 7 月
ECMA-262 Edition 2	1998 年 8 月
ECMA-262 Edition 3	1999 年 12 月
ECMA-262 Edition 5	2009 年 12 月
ECMA-262 2015 (Edition 6)	2015 年 6 月
ECMA-262 2016 (Edition 7)	2016 年 7 月

在 Brendan Eich 发明了 JavaScript 1.0 后，JavaScript 1.1 便接踵而至。ECMA 委员会以 JavaScript 1.1 作为蓝本，将其中有关 Web 浏览器的部分除去，完成了 ECMA-262 规范的第一个版本的制定。

1.1.1　ECMA-262 / ECMA-262 Edition 2

在 JavaScript 1.0 被发明之后，当时的主流 Web 浏览器 Netscape Navigator 和 Internet Explorer 都实现了各自的 JavaScript 运行，Internet Explorer 更是制定出自己的 JavaScript 标准，并命名为 JScript（如今在 Windows 操作系统中直接运行 `.js` 文件默认所使用的依然是 Windows 操作系统自带的 JScript 运行环境）。

有趣的是，Netscape Navigator 中的 JavaScript 与 Internet Explorer 中的 JScript 并不完全相同，这意味着需要制定一个行业标准来规范 JavaScript 的实现和发展。在 JavaScript 诞生两年后，即 1997 年，以 JavaScript 1.1 作为蓝本的标准制定建议被提交给 ECMA，ECMA 由此组建并指定

---

[1] http://www.ecma-international.org/publications/files/ECMA-ST-ARCH/ECMA-262%205th%20edition%20December%202009.pdf

了 39 号技术委员会（Technical Committee #39，TC-39）负责 ECMA-262 标准的开发。在当时，TC-39 由来自 Netscape、Sun、Microsoft、Borland 以及其他关注脚本语言发展的公司的工程师组成，经过数月的努力终于完成了 EMCA-262 的第一版，其中便定义了名为 ECMAScript 的脚本语言标准。

> TC-39 如今由主要开发 JavaScript 引擎的公司（Apple、Google、Microsoft、Mozilla 基金会、Intel 等）的相关工程师和一些有名望的开发者组成。

ECMA-262 在定义上是一门 **general purpose, cross-platform** programming language，即**多功能、跨平台**的编程语言，这在某种程度上说明了 ECMAScript 是不受运行环境所限制的，可以运行在任意实现其规范的宿主环境中，这便是**脚本语言**的意义所在。

然而实际上 ECMA-262 的第一个版本是相当简陋的，它可以说只是一门编程语言的雏形。有很多现在我们习以为常的东西在那个时候是不存在的，如正则表达式和 `try-catch` 语句。于是便可以看到在随后的两年内，ECMA-262 的更新相当紧凑。

ECMA-262 的第二个版本并非实际意义上的新版本，更多是对上一个版本的编辑和加工。此版本是为了与 ISO/IEC-16262 保持严格一致，并没有任何新增、修改或删除。

1.1.2 ECMA-262 Edition 3

在 ECMA-262 第一版发布后的第二年，TC-39 又完成了 ECMA-262 的第三个版本。而这第三版第一次真正意义上对 ECMA-262 标准进行了修改。

- 增加了 `do-while` 循环语句，补全了编程语言中基本的三种循环逻辑。在此之前只实现了 `while` 和 `for`（同时包括 `for` 和 `for-in`）两种循环语句。
- 增加了 `switch` 条件控制语句。作为 C 语言家族[2]的一员，ECMAScript 自然不应该缺少 `switch` 语句的。当然，Python 至今依然没有实现 `switch` 语句。
- 增加了 `label` 语句，并对 `continue` 语句和 `break` 语句的功能进行扩展，增强了 ECMAScript 对运行流程的控制能力。
- 实现了对正则表达式（`RegExp` 类型）的支持，在如今的 JavaScript 应用开发中，正则

[2] https://en.wikipedia.org/wiki/List_of_C-family_programming_languages

表达式充当着非常重要的角色，大幅增强了对字符串的处理能力；

- 增加了 `Error` 类型，增强了 ECMAScript 对错误的处理能力；
- 增加了 `try-catch` 语句，配合 `Error` 类型，让 ECMAScript 可以在出现错误后通过逻辑程序来进行恢复。

从 ECMA-262 第三版开始，可以说 ECMAScript 终于成为了一门真正的编程语言。该标准正式成为 JavaScript 为人所熟悉的第一个标准。

1.1.3 ECMA-262 Edition 5

在 ECMA-262 第三版完成后，JavaScript 应用的发展呈飞跃式。从 Google 的 GMail 推动了 Ajax 技术的广泛发展以来，Google Earth 和单页应用（Single Page Application，SPA）时代的到来让我们看到了 JavaScript 应用更多的可能性。

而就在 ECMA-262 第三版发布的这十年内，JavaScript 工程师不断在实际开发中挖掘出了使用 JavaScript 开发应用的痛点，如不支持更简易和更丰富的对象操作方法、JSON 方法、更为深入的对象字面量掌控能力等，从而产生了一些第三方 JavaScript 库（如 Underscore.js、LoDash 等）以满足不同需求。

TC-39 为此正式地制定了一系列 ECMA-262 的更新，以满足日益丰富的 JavaScript 开发需求，这便是 ECMA-262 第五版，更新内容包括 `Array`、`Object`、`String` 和 `Date` 等对象的新方法等。其中较为贴近 JavaScript 实际应用开发的更新有：`Array.prototype.map`、`Array.prototype.forEach`、`Array.prototype.reduce` 等。

同时还包含了一些十分有用的特性，如 Getter、Setter 等。

1.1.4 ECMA-262 Edition 4

对于并不了解 ECMAScript 历史的开发者来说，可能会对于为什么没有发布 ECMA-262 第四版而感到疑惑。事实上，在 ECMA-262 第五版发布之前，确实曾经存在 ECMA-262 的第四版，但它最后并没有成为 ECMA 委员会发布的标准，而仅仅停留在了提案的阶段。

在 ECMA-262 第四版的提案中，包含了大量对于 ECMAScript 的改良甚至改变。

- 在 ECMAScript 中实现静态类型（Strong Type）变量，向众多原生强类型的语言学习，增强 ECMAScript 在工程化上的可靠性。

- 大量的新语句和新数据结构。
- 真正的类系统和经典继承。

然而该提案正受人瞩目的时候，却被 ECMA 委员会驳回，理由是其更新跨度过大，在短时间内难以被接受。于是，ECMA-262 第四版就此遭到抛弃。同时也有另一种说法认为 ES4 流产的一大诱因是当时的 TC39-TG1 小组内部合作成员之间的意见不一。当然这些都是一些历史问题，在我们学习和研究 ES2015 甚至 ES2016 的今天，我想再去研究这些历史包袱也已经没有什么意义了。

不过幸运的是，TC-39 并没有就此全盘抛弃该提案中的成果，其中有不少十分有意思和实用的特性被保留了下来，在如今的 ES2015 中得到了实现并成为了标准。

1.2　小结

这一章简单地回顾了一下 ECMAScript 的发展历史，使读者对 ECMA-262 和 ECMAScript 的定义和意义有了一定的了解。

从下一章开始，我们将正式学习和探讨 ES2015。

第2章

ES2015能为实际开发带来什么

上一章简单地浏览了一遍 ECMAScript 的发展历程。从这一编程语言标准的发展历程中，我们不难发现，它的发展速度在不断地加快，它的影响范围也越来越大。如今除了 Web 前端开发以外，ECMAScript 借助着 Node.js 的力量，在服务器、桌面端甚至硬件设备等领域中也发光发热着。

本章将对这门语言标准的最新版本进行简单的研究和讨论，其中涉及以下话题：

- ES2015 的开发初衷。
- ES2015 中的语法糖。
- ES2015 在模块化、组件化等工程领域中的对 ECMAScript 的贡献。

2.1 ES2015 概述

对于 ES2015，了解过的同学一定会马上想到各种新语法，如箭头函数（=>）、`class`、模板字符串等。TC-39 吸取了来自全球众多 JavaScript 开发者的意见和其他优秀编程语言的经验，致力于制定出一个更适合现代开发的标准，以达到“和谐”（Harmony）的状态。

> ES2015 标准提供了许多新的语法和编程特性以提高 ECMAScript 的开发效率并优化 ECMAScrip 的开发体验。

从 ES2015 的别名被定为 *Harmony* 开始，就注定了这个新的语言标准将以一种更优雅的姿态展现出来，以适应日趋复杂的应用开发需求。

> 使用 Harmony 一词的原因，有一种说法是，因为 ECMA-262 第四版提案的跨度太大，ECMA 委员会认为 JavaScript 开发者在短时间内很难接受和适应并将其抛弃，所以使用 Harmony 避免这种情况再次出现。

2.2 语法糖

若您有其他语言（如 Ruby、Scala）或某些 JavaScript 衍生语言（如 CoffeeScript[1]、TypeScript[2]）的开发经验，就一定会了解一些很有意思的语法糖[3]，如 Ruby 中的 `Range -> 1..10`，Scala 和 CoffeeScript 中的箭头函数（Arrow Function）`(a,b)=>a+b`。TC-39 借鉴了许多其他编程语言的标准，给 ECMAScript 带来了许多可用性非常高的语法糖。这些语法糖的开发初衷是方便开发者使用，通常来说使用语法糖能够增加程序的可读性，从而减少程序代码出错的几率。

就如 ES2015 中非常重要的箭头函数，它大大地增强了 ECMAScript 在复杂的业务逻辑中的处理能力，我们以一个例子来说明。在使用 ES2015 之前的标准时，经常会定义类似于 `self`、`that` 之类的变量，以便在下一层作用域内也能获得当前作用域的上下文对象。

```
el.on('click', function(evt) {
  var self = this

  fetch('/api')
    .then(function(res) {
      return res.json()
    })
    .then(function(result) {
      self.something(result)

      // ...
    })
})
```

而箭头函数则可以非常简单地解决这个问题，这样的写法简洁且可读性高。

```
el.on('click', evt => {
  fetch('/api')
    .then(res => res.json())
    .then(result => this.something(result))
})
```

---

[1]http://coffeescript.org/

[2]http://www.typescriptlang.org/

[3]https://zh.wikipedia.org/zh-cn/%E8%AF%AD%E6%B3%95%E7%B3%96

关于箭头函数更详细的细节会在下一章中讲解。

2.3 工程优势

2.3.1 模块化

根据 12-Factor 规则[4]，一项软件工程应当能够以显性的方式表达其依赖性，如Perl的CPAN[5]或是 Ruby 的 Rubygems[6]。而 ES2015 以前的 ECMAScript 并不能完成这一点，这也是一直以来许多使用其他语言的工程师诟病 ECMAScript 系语言（尤其是 JavaScript）的原因之一。

而在 JavaScript 领域中，模块化的需求是越来越强了。从以前简单的页面开发，到如今达到了复杂的 GUI 开发水平，JavaScript 或是 ECMAScript 越来越需要更为详细的模块化机制，以应对越来越复杂的工程需求。前端模块化如图 2.1 所示。

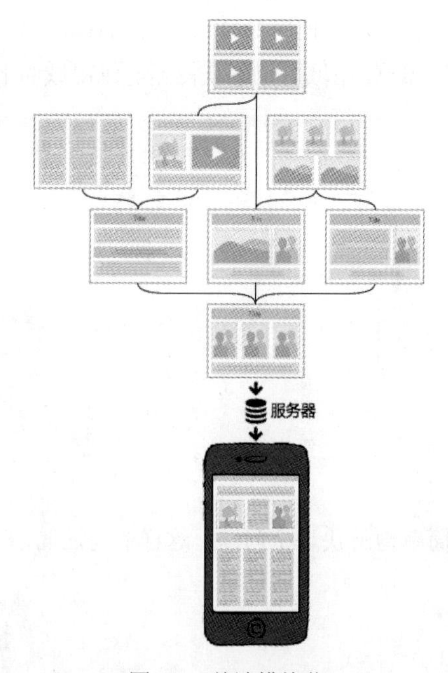

图 2.1　前端模块化

[4]http://12factor.net/

[5]http://www.cpan.org/

[6]http://rubygems.org/

而在 Node.js[7]开始流行起来时，由 Isaac Z. Schlueter 开发的 NPM[8]则成为了 JavaScript 世界中最为流行的 JavaScript 模块管理平台。这满足了 12-Factor 中模块化的“硬件要求”，但是在 JavaScript 部分依然需要以 CommonJS 的形式进行获取依赖。

因为 ECMAScript 或 JavaScript 自身并没有类似的标准，因此 TC-39 便决定在 ECMAScript 中加入原生的模块化标准，以解决多年来困扰众多 JavaScript 开发者的问题。

从许多年前开始，各大公司、团队和技术牛人都相继给出了他们对于这个问题的不同解决方案，由此定下了如 CommonJS、AMD、CMD 或 UMD 等 JavaScript 模块化标准。RequireJS[9]、SeaJS[10]、FIS[11]、Browserify[12]、webpack[13]等模块加载库都以各自不同的优势占领着一方土地，如图 2.2 所示。

图 2.2　JavaScript 模块化工具

而对于大部分的 JavaScript 程序员来说，有太多不同的选择会让他们感到不安和迷茫，他们并不能从中选择最适合自己的一种，这也导致了分门立派的情况出现。

TC-39 在 ES2015 中为 ECMAScript 新增的原生模块化标准，正是为了解决该问题。它包含了以往的模块加载库的主要功能，还添加了一些非常实用的设计，用来提高 ECMAScript 的模块化管理能力。

```
import fs from 'fs'
import readline from 'readline'
import path from 'path'
```

---

[7]https://nodejs.org

[8]https://www.npmjs.com

[9]http://requirejs.org/

[10]http://seajs.org/

[11]http://fis.baidu.com/

[12]http://browserify.org/

[13]https://webpack.github.io/

```
let Module = {
  readLineInFile(filename, callback = noop, complete = noop) {
    let rl = readline.createInterface({
      input: fs.createReadStream(path.resolve(__dirname, './big_file.txt'))
    })

    rl.on('line', line => callback(line))
    rl.on('close', complete)

    return rl
  }
}

function noop() { return false }

export default Module
```

可惜的是，到本书截稿之时，还没有任何浏览器厂商或是 JavaScript 引擎支持这种模块化语法，所以需要用 Babel 将其转换为 CommonJS、AMD 或是 UMD 等模块化标准的语法。

而对于 CommonJS 等模块化方法来说，ES2015 原生的模块化机制更为详细和实用，比如其中的**模块内容选择性引入**，更是为 JavaScript 的工程化提供了更多的想象空间，比如更高程度的项目代码压缩。

```
// module_a.js
export function add(...args) {
  return args.reduce((a, b) => a + b)
}

export function subtract(a, b) {
  return a - b
}

// main.js
import { add } as math from 'module_a'

let sum = add(1, 2, 3) //=> 6
```

上面这一段代码可以通过一些方法来进行依赖分析，并进行压缩，如 `main.js` 中引入了 `module_a` 中的 `add` 函数，而在 `module_a` 中还定义了 `substract` 并没有被引用或调用。这样的话，最后就可以把这段代码压缩成以下的形式。

```
function add(...args) {
  return args.reduce((a, b) => a + b)
}

let sum = add(1, 2, 3) //=> 6
```

这在 Web 前端领域中有着非常大的意义，因为在一个现代的 JavaScript 应用中，很难避免会使用一个第三方框架或者类库以加快开发速度。但是在大部分情况下，这些框架或者类库中有很多方法是实际应用中用不到的，而以往的压缩手段并不会将这些没有被使用的代码去掉，因此造成了大量的冗余。

因为在前端领域中，无论对于开发者还是用户来说，代码压缩都是必要的，昂贵的网络带宽和较慢的页面加载速度都极大程度地影响着应用的体验和运营。如 AngularJS[14]、React[15]、Vue.js[16]、Lodash[17]等第三方库或框架中有许多 JavaScript 应用在技术选型时的一些重要选项，而在这些库中存在许多开发中不需要的方法，如果将它们完整地引入到应用中，它们就会成为应用中的“体积大户”，开发者和用户却只能无奈地接受。

而 Rollup 和 webpack 2 则可以利用 ES2015 中的模块化机制来最大程度地精简 JavaScript 应用的体积，它们通过分析 JavaScript 的抽象语法树、依赖检查等步骤，建立一个“对象依赖树”，并借此将所有被引用或被使用的对象抽出，合成为最小可用程序集，供生产环境使用。

2.3.2 模块化与组件化结合

在程序代码可以通过模块化进行解耦后，组件化开发便能借此进一步推进项目程序的工程化进度。而组件化开发更是模块化开发的高级体现，它更能表现出模块化开发的意义和重要性，如图 2.3 所示。

---

[14]https://angularjs.org/

[15]https://facebook.github.io/react/

[16]http://vuejs.org

[17]https://lodash.com/

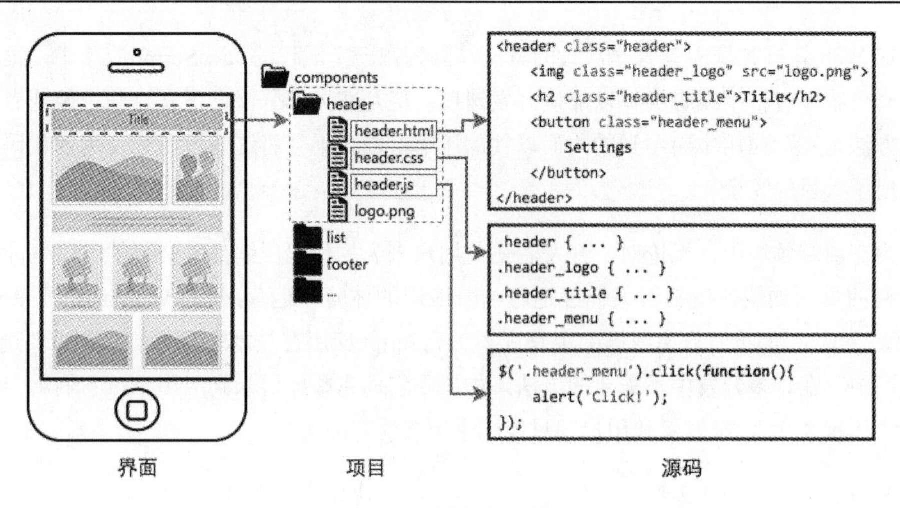

图 2.3　模块化开发

组件化开发所重视的是组件之间的非耦合关系和组件的可重用性，而组件之间也可以存在依赖性，这就可以利用模块化机制来实现组件化开发。同一类内容块可以抽象化为一个组件，并在生产中重复使用。配合虚拟滚动视图（Virtual Scroll View）等技术，能更好地发挥浏览器的性能。

长列表视图在生产环境中，有可能因为内容元素过多而导致性能低下问题。因为在一个列表视图中，用户的可见范围是有限的，而内容长度却可以无限增长。虚拟滚动视图则可以解决上述问题。虚拟滚动视图通过利用尽可能少的内容组件来展示当前处在**可视范围**内的内容元素，并在用户进行滑动操作时，不断计算偏差而重复使用已存在的元素，如图 2.4 所示。在这个技术的实现中，若采用了组件化开发模式，则可以实现复杂、可定制的需求。开发者只需关心如何操作每一个内容元素所对应组件的内容及其高度即可。

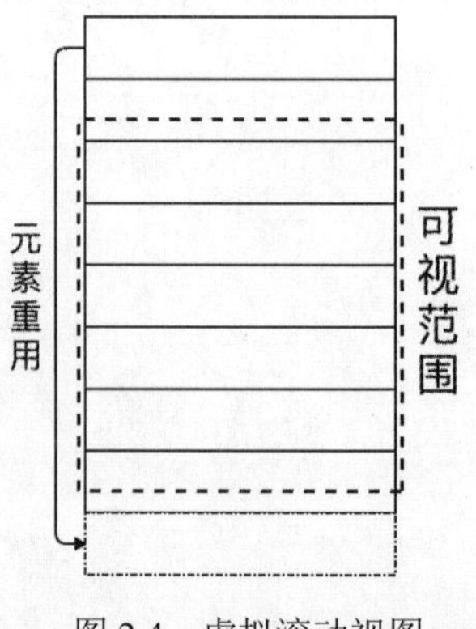

图 2.4　虚拟滚动视图

在 iOS（Cocoa Touch）等原生开发环境中，虚拟滚动视图是被底层所实现的。如在 iOS 开发中，`UIListView` 则在底层实现了该技术，而它要求开发者提供若干个类（Class）来作为内容元素的基础。我们可以将这个类看作一个已打包好的可重用模块，在使用时只需将所需要的数据传入即可。在前端领域中也可以使用这一种模式解耦 JavaScript 代码甚至是整个应用，以达到更高的工程化程度。

而在 Vue.js 和 React 这两款 JavaScript 框架中，模块化与组件化结合的思想有着很好的体现。这两款框架都是遵循着 Web Component 的概念来实现在前端领域中的组件化开发，在这里以 Vue.js 作为例子进行分析。

在 Vue.js 中存在一种叫 Vue Component 的概念，它使用一种十分简单的语法来将前端 JavaScript 应用中会用到的 HTML、CSS 和 JavaScript 简单地绑定并进行可控制范围的限制，使每一个组件都可以成为一个独立的存在。

```
<!-- Header Component -->
<template>
  <header>
    <div id="brand"><img :src="logo" /></div>
    <h1>{{title}}</h1>
  </header>
</template>

<script>
  export {
    name: 'header',
    props: [ 'logo', 'title' ]
  }
</script>

<style>
  //...
</style>
```

2.3.3　内存安全

在 ES2015 中，TC-39 为 ECMAScript 引入了 `const` 和 `let` 语句，这意味着某种意义上的“常量”终于要出现在 ECMAScript 中了。只有变量定义语句 `var` 而没有常量定义语句，是 ECMAScript 此前一直被其他编程语言的爱好者所诟病的问题之一，他们认为 ECMAScript 只有变量而没有常量的设计很容易导致内存不安全、数据丢失或被恶意篡改。

而 `const` 便为 ECMAScript 带来了定义常量的能力，`let` 则是为 ECMAScript 修复了从前

var 因为代码习惯不佳而导致的代码作用域混乱等问题，同时实现了块状作用域。const 和 let 的出现可以实现许多从前需要使用 var 并配合代码技巧等才能实现的需求。

const 可以实现变量名与内存地址的强绑定，让变量不会因为除了定义语句和删除语句以外的代码而丢失内存地址的绑定，从而保证了变量与内存之间的安全性。

下一章会更深入地介绍 const 和 let 的使用以及一些需要注意的地方。

2.4 小结

在本章中，我们将 ES2015 为实际开发所带来的意义进行了总结，如语法糖、模块化、组件化开发等工程优势，这些都是 ES2015 为开发者带来的好处，可以在实际开发中提升开发效率和代码质量。

从下一章开始，我们就对 ES2015 中最为主要的 12 种特性进行详细解析，并利用实例来展示它们较好的使用体验。

第 3 章

ES2015 新语法详解

在前面两章中，我们对 ES2015 进行了较为宏观的概括，也对 ECMAScript 的发展历史和 ES2015 的宏观意义有了初步的了解。接下来，将详细地对 ES2015 中较为重要和常见的 12 种新特性进行讲解，并用对应的示例展示它们的独特魅力。

本章讲解如下新语法：

- let、const 和块级作用域
- 箭头函数（Arrow Function）
- 模板字符串（Template String）
- 对象字面量扩展语法（Enhanced Object Literals）
- 表达式解构（Destructuring）
- 函数参数表达、传参
- 新的数据结构
- 类语法（Classes）
- 生成器（Generator）
- Promise
- 代码模块化
- Symbol

- Proxy

3.1 let、const 和块级作用域

在 ES2015 的新语法中，影响最为直接、范围最大的方法，恐怕要数 let 和 const 了。let 和 const 是继 var 之后，新的变量定义方法。与 let 相比，const 更容易被理解。const 也就是 **constant** 的缩写，跟 C/C++等经典语言一样，用于定义常量，即不可变量。

3.1.1 块级作用域

在讨论 let 和 const 的具体表现之前，应该先来看看什么是**块级作用域**。在 ES2015 诞生之前，给 ECMAScript 或 JavaScript 新手解答困惑时经常会提到一个观点——JavaScript 没有块级作用域。而对于初学者来说，首先需要了解什么是作用域。

作用域（Scope）是 ECMAScript 编程中非常重要的一个概念，虽然它在同步 ECMAScript 编程中并不能充分地引起初学者的注意，但在异步编程中，良好的作用域控制技巧则成为了 ECMAScript 开发者的必备技能。

在 ES2015 之前的 ECMAScript 标准中，原本只有全局作用域和函数作用域，如以下代码。

```
var foo = function() {
  var local = {};
};
foo();
console.log(local); //=> undefined

var bar = function() {
  local = {};
};
bar();
console.log(local); //=> {}
```

这里定义了 foo 函数和 bar 函数，它们的意图都是为了定义一个名为 local 的变量。但最终的结果却截然不同。

在 foo 函数中，我们使用 var 语句来声明定义了一个 local 变量。用一种比较容易理解的方式来表达，便是因为函数体内部会形成一个作用域，所以这个变量便被定义到该作用域中，而且在 foo 函数体内并没有做任何作用域延伸的处理，所以在该函数执行完毕后，这个 local 变量也随之被销毁，而在外层作用域中则无法访问到该变量。

在 Web 前端开发领域中，初学者总需要自行踩过一些坑才能学会更多的知识，而其中一个则是与作用域有着极强关系的**循环绑定事件**。

可以假设在某个页面中，需要对一组按钮进行点击事件的绑定，而因为它们的响应途径或方法都是类似的，所以可以用一个函数或者统一的事件处理器对它们进行事件响应。此时就需要对这组按钮进行循环绑定事件处理，如图 3.1 所示。

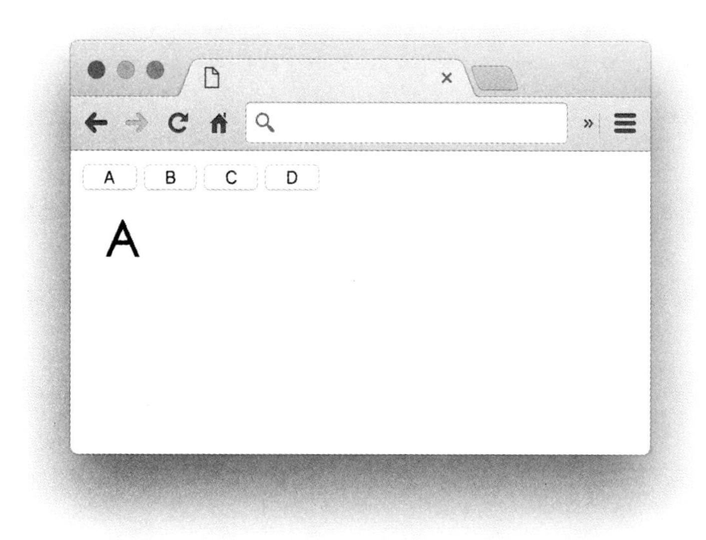

图 3.1　循环绑定事件

```
var buttons = document.querySelectorAll('.button')
var output = document.querySelector('#output')
```

此时这里的需求是，用户点击按钮组中的按钮时，在输出信号窗中显示用户所点击按钮的标签值（A、B、C 和 D）。以最直接和简单的方法，对这个节点列表（`NodeList`）进行历遍，对其中每一个节点进行事件绑定。

```
for (var i = 0; i < buttons.length; ++i) {
  buttons[i].addEventListener('click', function(evt) {
    output.innerText = buttons[i].innerText
  }, false)
}
```

这段代码看上去貌似并没有什么问题，但是当我们任意点击一个按钮时，程序都会报错，如图 3.2 所示。

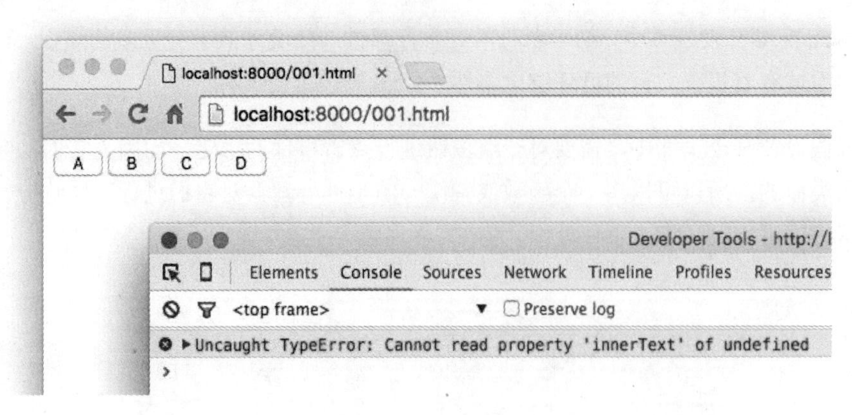

图 3.2　程序报错

初学者可能会对这个报错感到有些匪夷所思，从逻辑上分析程序并没有什么问题，但为什么会出现错误呢？如果要详细分析其中的出错原因，我们需要先对 `for` 循环的运行原理有更深入的理解。

我们假设有一段用于计算数组总和的程序。

```
var array = [1, 2, 3, 4, 5];
var sum   = 0;

for (var i = 0, len = array.length; i < len; ++i) {
  sum += array[i];
}

console.log('The sum of the array\'s items is %d.', sum);
//=> The sum of the array's items is 15.
```

在这段代码中，首先定义并初始化了一个用来存储待累加项的数组和一个总和整型变量。接下来，开始进行循环。在该 `for` 循环的初始化代码中，我们定义并初始化了两个变量：`i`（计数器）和 `len`（循环数组长度的别名）。当 `i` 小于 `len` 时，循环条件成立，执行逻辑代码，每次逻辑代码执行完毕以后，`i` 自增 1。在循环的逻辑代码中，把当前循环的数组项加到总和变量中。这个循环流程图如图 3.3 所示。

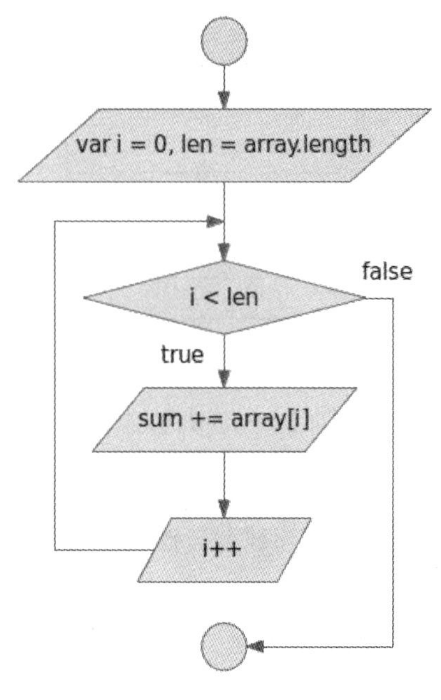

图 3.3　for 循环流程图

从这个流程图中不难发现，程序中真正的循环体不仅有逻辑代码，还包含了实现循环自身的执行判断和循环处理。

在希望通过 `for` 循环对按钮组进行事件绑定的代码中，循环体是 `addEventListener` 方法的调用，而计数器限定值是节点列表的长度，即按钮的个数。因为在每次逻辑代码执行完毕以后计数器 `i` 都会自增 1，而 `i` 是从 0 开始计数的，所以在循环完成以后计数器 `i` 的值应该为按钮的个数。然而在 ECMAScript 对数组的定义中，元素下标是从 0 开始的，这意味着一个含有 3 个元素的数组，只有下标为 0、1、2 的元素，而没有下标为 3 的元素。所以在 `buttons` 里并没有下标为 4 的元素，故 `buttons[4]` 返回的是 `undefined`。如图 3.4 所示，在使用 `var` 来定义的计数器中，`i` 会存在于 `for` 循环的上一层作用域中，每一个按钮的事件响应函数在寻找变量 `i` 的时候，会一层一层地向上寻找，如图 3.5 所示。

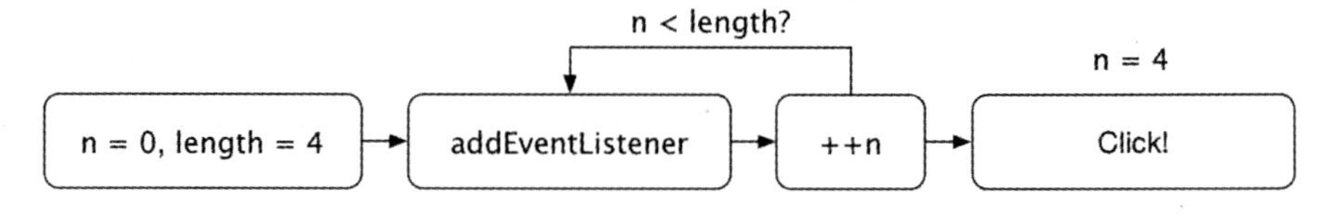

图 3.4　`for` 循环与 `var` 变量定义

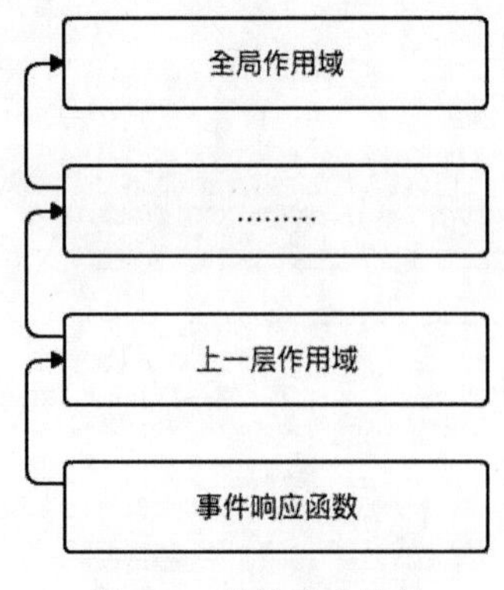

图 3.5　变量寻找路径

而这里我们需要再次提到“**JavaScript 没有块级作用域**”这句话，因为计数器 `i` 存在于上一层作用域中，这就意味着在对于它的引用被全部解除之前，它都不会被垃圾收集器所标记并清除，而一直保持着循环结束后的值。

这就意味着，在每一次用户点击任何一个按钮时，触发的响应函数中对计数器 `i` 的引用所获得的值都会是一样的，即按钮的个数，这便是导致前面报错的最直接原因。块状作用域的作用便是希望在 `for` 循环所属的`{ ... }`内能形成一个作用域，即块状作用域，让在循环体内所定义的变量或常量能留在循环体内。

3.1.2　let 定义变量

在 ES2015 中，`let` 可以说是 `var` 的进化版本，`var` 在绝大部分情况下可以被 `let` 替代。`let` 与 `var` 的异同点大致可以用表 3.1 来描述。

表 3.1　`let` 与 `var` 的异同点比较

	let	var
定义变量	√	√
可被释放	√	√
可被提升（Hoist）		√
重复定义检查	√	
可被用于块状作用域	√	

重复定义检查可以用下面这段代码来说明。

```
// var
var foo = 'bar'
```

```
var foo = 'abc'
console.log(foo) //=> abc

// let
let bar = 'foo'
let bar = 'def' //=> Uncaught SyntaxError: Identifier 'bar' has already been declared
```

var 可以让同一个变量名在同一个作用域里被定义多次，而这种“特性”很可能会导致一些问题，比如在多人协作开发中，一个变量（如用户信息等数据）是不希望在同一个作用域内被定义两次的。在没有良好的代码审查（Code Review）制度的情况下，ECMAScript 在 ES2015 之前并没有这样的系统级检查能力，而 let 则加入了这样的功能，当同一个变量名在同一个作用域内被定义第二次时，便会抛出错误，以警示开发者修改代码。

此外，let 可被用于**块级作用域**（Block Scope），我们还是以上一小节中的循环绑定事件作为例子。上面的代码之所以出错是因为每一个按钮的事件响应函数中对计数器 i 的引用所能获取到的数值都是一个不可用的下标，而导致这种情况的原因便是计数器 i 存在于上一层作用域中。

那么，块级作用域在这里的应用便是，为循环体的每一次执行都产生一个作用域，如图 3.6 所示。

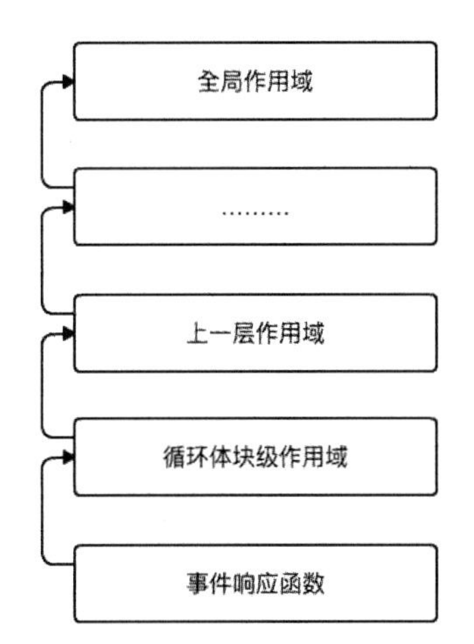

图 3.6　使用块级作用域后的变量查找

对于原来的代码，只需要改动一个地方即可，将对计数器 i 的定义从 var 改成 let，便可以在循环体内形成块级作用域，让每一次循环体的执行都能保留当前计数器的数值和引用。

```
for (let /* var */ i = 0; i < buttons.length; ++i) {
  // ...
}
```

为了更直观地说明在 for 循环语句中使用 var 和 let 的区别，以两段代码来做对比。

```
const arr1 = []
for (var i = 0; i < 3; ++i) {
  arr1.push(() => i)
}
const arr2 = arr1.map(x => x())

const arr3 = []
for (let i = 0; i < 3; ++i) {
  arr3.push(() => i)
}
const arr4 = arr3.map(x => x())

console.log('var: ' + arr2.join(', ')) //=> var: 3, 3, 3
console.log('let: ' + arr4.join(', ')) //=> let: 0, 1, 2
```

就如事件绑定一样，我们通过循环将若干个带有当前计数器 i 的引用进行对比。而当将这些引用全部读取出来时，可以发现分别使用 var 和 let 定义计数器的两个循环语句，所得到结果会截然不同。

使用 let 形成的块级作用域可以在大部分具有{ ... }的语句中使用，例如 for () {}，do {} while()，while {} 和 switch() {} 等。

```
switch(true) {
  default:
    let bar = 'foo'
    break
}

console.log(bar) //=> undefined
```

3.1.3 const 定义常量

ECMAScript 一度被其他编程语言的开发者指责没有定义常量的能力，甚至在大多数企业的 JavaScript 开发规范文档中，对于常量的定义都是使用 var、下划线以及大写字母组成的变量名。当然，这种妥协的“常量”是随时可以被改变的。

```
// Old ECMAScript style
var MAX_CONNECTIONS_COUNT = 100

// ...

MAX_CONNECTIONS_COUNT = 1000 // WARNING!!
```

3.1.3.1 使用语法

const 的引入使 ECMAScript 获得了真正的定义常量的能力。

```
// 定义一个常量
const PI = 3.1415926

// 尝试对该常量进行重新赋值
PI = 3.14 //=> Uncaught TypeError: Assignment to constant variable.
```

在上一章节中，我们提到了 ES2015 可以为程序工程化提供内存安全的优势，便是因为 const 定义常量的原理是阻隔变量名所对应的内存地址被改变。

变量与内存之间的关系由三个部分组成：变量名、内存绑定和内存（内存地址），如图 3.7 所示。

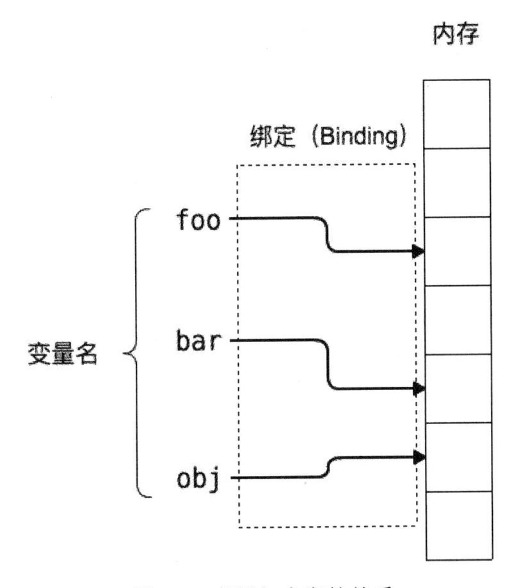

图 3.7 变量与内存的关系

ECMAScript 在对变量的引用进行读取时，会从该变量当前所对应的内存地址所指向的内存空间中读取内容。而当用户改变变量的值时，引擎会重新从内存中分配一个新的内存空间以存储新的值，并将新的内存地址与变量进行绑定。const 的原理便是在变量名与内存地址之间建立不可变的绑定，当后面的程序尝试申请新的内存空间时，引擎便会抛出错误。

const 的实现原理确实只限于创造一个不可变的内存绑定，而在某些情况下，并非**值不可变**。以 Google V8 为例，如字符串、数字、布尔值、undefined 等值类型是只占用一组内存空间的，即这些类型的值在内存空间中是连续的、不被拆分的。而对于对象、数组等稀疏的引用类型值，在内存空间中可能会拆分成若干个段落。虽然 Google V8 在对 JavaScript 运行时的内存管理中使用的是堆内存（heap），而不是栈内存（stack），但因为对象的属性是可以变化的，所以为了最快地进行内存调度，当对象的属性被改变或添加了新的属性时，都需要重新计算内存地址偏移值。下面以一个简单的例子来理解其中的原理。

```
const foo = {
  a: 1,
  b: 2
}
```

当这个 foo 对象字面量被定义时，它的内存存储空间情况如表 3.2 所示。

表 3.2 foo 对象字面量定义的内存存储空间

内存偏移值（假设）	内　容
0	Object foo
1	Property a
2	Property b

const 在这段代码中所起到的作用是：将常量 foo 与内存偏移值为 0 的内存空间绑定起来并锁死。然而内存偏移值分别为 1 和 2 的 a 和 b 属性并没有得到强绑定，导致了以下情况的发生。

```
const foo = {
  a: 1
}
foo.a = 2
foo.b = 3

console.log(foo.a) //=> 2
console.log(foo.b) //=> 3
```

即便是使用 const 定义的对象常量，其内容依然能通过修改属性值而被修改，这显然不是我们所希望的。因为 const 所创建的内存绑定是只绑定一处的，所以默认情况下对象这种由若干内存空间片段组成的值并不会全部被锁定。相对地，如上文中说到的字符串、数字、布尔值、undefined 等值类型因为只使用了一段内存空间，所以它们若由 const 定义，便是天生的**值不可变**。

那么，如何能获得一个**值不可变**的对象呢？其实只要配合 ES5 中的 Object.freeze() 方法，便可以获得一个**首层属性**不可变的对象。但若首层属性中存在对象，那么默认情况下首层以下的对象依然可以被改变，所以我们需要一个小工具来创建一个完全的值不可变对象。

```
const obj1 = Object.freeze({
  a: 1,
  b: 2
})
obj1.a = 2 //=> Uncaught TypeError: Cannot assign to read only property 'a' of object
'#<Object>'

const obj2 = Object.freeze({
  a: {}
})
obj2.a.b = 1

console.log(obj2) //=> { a: { b: 1 } }

// Object.deepFreeze from MDN
// To make obj fully immutable, freeze each object in obj.
// To do so, we use this function.
Object.deepFreeze = function(obj) {

  // Retrieve the property names defined on obj
  var propNames = Object.getOwnPropertyNames(obj)

  // Freeze properties before freezing self
  propNames.forEach(function(name) {
    var prop = obj[name]

    // Freeze prop if it is an object
    if (typeof prop == 'object' && prop !== null)
      Object.deepFreeze(prop)
    })

  // Freeze self (no-op if already frozen)
  return Object.freeze(obj)
}

const obj3 = Object.deepFreeze({
  a: {
    b: 1
  }
})

obj3.a.c = 2 //=> Uncaught TypeError: Can't add property c, object is not extensible
```

3.1.3.2　const 与块级作用域

除了 let 会产生块级作用域以外，const 同样可以产生块级作用域，其定义的常量也同样遵循变量在作用域中的生命周期。也就是说，与我们所熟知的全局常量不同的是，使用 const 定义的常量同样是可以灵活使用的，比如定义一些只针对于某个作用域或是某个函数、算法内部的常量。

以实现一个用于获取 JSONP 资源的函数 JSONP() 为例。

```
// Flickr API
JSONP('http://api.flickr.com/services/feeds/photos_public.gne', {
  data: {
    tags: 'cat',
    tagmode: 'any',
    format: 'json'
  },
  callback(data) {
    console.log(data)
  }
})
```

我们认为其中的一些参数是可以被定义为常量的，如 data 和 callback。

```
const JSONP = (function() {
  const global = window

  const defaultOptions = Object.freeze({
    data: {},
    callback: (data) => {}
  })

  function safeEscape(str) {
    return encodeURIComponent(str.toString())
  }

  // TODO
})()
```

将 global 用 const 在这个外部函数所形成的作用域中定义为 window 的一个别名，以便代码中全局变量控制的部分能具有更好的可读性；此外，需要一个默认的选项表以作为缺省值，而这个默认值自身自然是没有被修改和暴露到外层作用域的需要，所以我们也将它作为一个局部常量，使用 const 定义在这个作用域中。

```
// ...

return (root, opts = defaultOptions) => {
  let url = root.trim().replace(/\?$/, '') + '?'

  const keys = Object.keys(opts.data)
```

```
  for (const key of keys) {
    url += `${safeEscape(key)}=${safeEscape(opts.data[key])}&`
  }

  const callbackName = `json${Math.random().toString(32).substr(2)}`

  global[callbackName] = function(data) {
    delete global[callbackName]
    opts.callback.call(JSONP, data)
  }

  url += `jsoncallback=${callbackName}`

  const script = document.createElement('script')
  script.src = url

  document.getElementsByTagName('body')[0].appendChild(script)
}

// ...
```

我们只使用了一次 `let` 来定义 `url` 是因为 `url` 需要被重新赋值，所以并没有被使用 `const` 定义为常量。

3.1.4　变量的生命周期

在 ECMAScript 中，一个变量（或常量）的生命周期（Life Cycle）模式是固定的，由两种因素决定，分别是作用域和对其的引用。

我们可以先用 ES2015 标准之前的代码来讲解一遍变量的生命周期，以便理解。

```
(function() {
  var foo = 'A'
})()
console.log(foo) //=> undefined
```

在这段代码中，可以看到在一个由匿名函数产生的作用域内定义了一个变量 `foo`，但是我们不对它做任何处理，在脱离这个作用域后该变量便不再存在。

绝大部分 ECMAScript 运行引擎对垃圾数据的收集方式都是基于对变量（或常量）的**引用**进行统计，当一个变量的引用被全部解除时，引擎便会将其认定为应该被清除的。简单表示便是：**一个事物当为人所需要时，便永生不朽；但若被抛弃时，便悄然离去**。

如果想要把这个 `foo` 变量的生命周期延长，最为常用的办法便是**闭包（Closure）**。因为变量的生命周期由对其的引用所决定，而闭包的原理便是利用高阶函数来产生能够穿透作用域的引用。

```
function outter() {
  const innerVariable = 'foobar'

  return function() {
    return innerVariable
  }
}

const fn = outter()
console.log(fn()) //=> foobar
```

这里成功地利用闭包将被定义在 `outter` 函数所形成作用域内的常量 `innerVariable` 所在的作用域引出来，从而在外部的作用域中能读取到它的值。即便没有将其值读取，只要对其保留引用的函数依然存在，这个常量就不会被清除。

回归正题，在 ECMAScript 中，变量（或常量）的生命周期是从程序进入定义语句所在的作用域开始的，即便是在定义语句之前。以下面这句代码为例。

```
var foo = 1
```

我们不妨将这一句拆分为两句，以便更好理解后面的内容。

```
var foo  // Declaration
foo = 1  // Assignment
```

1. ECMAScript 引擎在进入一个作用域时，会先扫描这个作用域内的变量（或常量）定义语句（`var`，`let` 或 `const`），然后在这个作用域内为扫描得到的变量名做准备，在当前作用域中被扫描到的变量名都会进入**未声明阶段（Undeclared）**阶段。

2. 进入声明语句时，`var foo`，即前半句是**声明部分（Declaration）**，用于在 ECMAScript 引擎中产生一个变量名，但此时该变量名没有对应的绑定和内存空间，所以“值”为 `null`。

3. `=` 的作用是作为变量的赋值语句，引擎执行至此处即为该变量的**赋值部分（Assignment）**，计算将要赋予变量名的值的物理长度（内存空间占用大小），向系统申请相应大小的内存空间，然后将数据存储到里面去，并在变量名和内存空间之间建立**绑定（Binding）**关系，此时变量（或常量）才得到了相应的值。

4. 到当前作用域中的语句被执行完毕时，引擎便会检查该作用域中被定义的变量（或常量）的被引用情况，如果引用已被全部解除，引擎便会认为其应该被清除。

5. 运行引擎会不断检查存在于运行时（Runtime）中的变量（或变量）的被引用情况，并重复第四步，直至程序结束。

需要注意的是，在 ES2015 标准之前，我们可能会遇到下面这种情况。

```
var foo = 1
(function() {
  console.log(foo) //=> undefined

  var foo = 2
})()
```

就如上面所说的，一旦引擎进入一个作用域时，会先扫描该作用域内的定义语句。在这段代码中，我们可以看到在外层作用域中定义了变量 `foo`，而在内层的作用域中，我们在对变量 `foo` 读取代码后又对其再次“定义”。此时我们便可以发现在第二次定义语句之前对 `foo` 的引用所获得的值竟然是 `undefined`，因为此时变量 `foo` 处于**未声明阶段**，即使它在上一层作用域已被定义。

但实际上，这并不符合正常的编程逻辑，所以在 ES2015 的 `let` 和 `const` 中，引擎将这种行为视为错误行为，并抛出错误。

```
console.log(foo) //=> ReferenceError
console.log(bar) //=> ReferenceError

let foo = 1
const bar = 2
```

ES2015 标准中（一般情况下为严格模式）不允许变量（或常量）在被定义之前被其他语句所读取，以免出现逻辑性错误。

3.1.5 更佳体验

3.1.5.1 `let` VS `const`

`let` 与 `const` 的关系与在 Scala 中 `var` 和 `val` 以及在 Swift 中 `var` 和 `let` 是一样的，都是分别用于定义变量和常量的语句。

而在 ES2015 中，`let` 的设计初衷便是为了**代替** `var`。这就意味着，TC-39 希望在 ES2015 之后，开发者尽可能甚至彻底不再使用 `var` 来定义变量。从工程化角度上看，我们应该在 ES2015 中遵从以下三条原则：

1. 一般情况下，使用 `const` 来定义值的存储容器（常量）。

2. 只有在值容器明确地被确定将会被改变时才使用 `let` 来定义（变量）。

3. 不再使用 `var`。

3.1.5.2 let、const 与循环语句

在 ES2015 中，TC-39 为 ECMAScript 引入了一种新的循环语句 `for..of`，它主要的用途是代替 `for..in` 循环语句。在 ES5 中，TC-39 为 Array 对象引入了 `Array.forEach` 方法以代替 `for` 循环，其中 `Array.forEach` 方法的特点便是自带闭包，以解决因为缺乏块级作用域导致需要使用取巧的方法来解决 `var` 的作用域问题。而在 ES2015 中，我们有了 `let` 和 `const` 并解决了块级作用域的问题，那是不是从前简洁的 `for` 又可以回来了？

因块级作用域的存在，使得 `for` 循环中的每一个当前值可以仅保留在所对应的循环体中，配合 `for-of` 循环语句更是免去了回调函数的使用。

```
const arr = [ 1, 2, 3 ]
for (const item of arr) {
  console.log(item) //=> ...
}
```

配合 ES2015 中的解构（Destructuring）特性，在处理 JSON 数据时，更加得心应手。

```
const Zootopia = [
  { name: 'Nick', gender: 1 /* Male */,   species: 'Fox' },
  { name: 'Judy', gender: 0 /* Female */, species: 'Bunny' }
  // ...
]
for (const { name, species } of Zootopia) {
  console.log(`Hi, I am ${name}, and I am a ${species}.`)
}
//=>
// Hi, I am Nick, and I am a Fox.
// Hi, I am Judy, and I am a Bunny.
// ...
```

在 ES5 中，数组（Array）类型被赋予了一个名为 `forEach` 的方法，用于解决当时 `for` 循环的作用域问题。而 `forEach` 方法需要传入一个回调函数来接收循环的每一个循环元素并作为循环体以执行。同时，这个回调函数在标准定义中会被传入三个参数，分别为当前值、当前值的下标和循环数组自身。在 ES2015 标准中，数组类型再次被赋予了一个名为 `entries` 的方法，这个方法有什么用途呢？它可以返回对应的数组中每一个元素与其下标配对的一个新数组，我们以代码示例来说明。

```
const arr = [ 'a', 'b', 'c' ]
console.log(arr.entries()) //=> [ [ 0, 'a' ], [ 1, 'b' ], [ 2, 'c' ] ]
```

这个新的特性可以与解构和 for-of 循环配合使用。

```
for (const [ index, { name, species } ] of Zootopia.entries()) {
  console.log(`${index}. Hi, I am ${name}, and I am a ${species}.`)
}
//=>
//  0. Hi, I am Nick, and I am a Fox.
//  1. Hi, I am Judy, and I am a Bunny.
```

3.2　箭头函数（Arrow Function）

除 let 和 const 之外，箭头函数是使用率最高的新特性了。当然了，如果你了解过 Scala 或者曾经如日中天的 JavaScript 衍生语言 CoffeeScript，就会知道箭头函数并非 ES2015 独创。在 CoffeeScript 中它叫作“胖箭头”，在 Scala 中这便是函数的基本定义形式。

箭头函数，顾名思义便是使用箭头（=>）进行定义的函数，属于匿名函数（Anonymous Function）一类。当然了，它也可以作为定义式函数使用，但我们并不推荐这样做，随后会详细解释。

3.2.1　使用语法

箭头函数有四种使用语法。

3.2.1.1　单一参数的单行箭头函数

```
// Syntax: arg => statement

const fn = foo => `${foo} world` // means return `foo + ' world'`
```

这是箭头函数最简洁的形式，常见于用作简单的处理函数，如过滤。

```
let array = [ 'a', 'bc', 'def', 'ghij' ]
array = array.filter(item => item.length >= 2) //=> bc, def, ghij
```

3.2.1.2　多参数的单行箭头函数

```
// Syntax: (arg1, arg2) => statement

const fn = (foo, bar) => foo + bar
```

在大多数情况下，函数都不会只有一个参数传入，在箭头函数中，多参数的语法跟普通函数一样，以括号来包裹参数列。这种形式常见于数组的处理，如排序。

```
let array = [ 'a', 'bc', 'def', 'ghij' ]
array = array.sort((a, b) => a.length < b.length) //=> ghij, def, bc, a
```

3.2.1.3　多行箭头函数

```
// Syntax: arg => { ... }

// 单一参数
foo => {
  return `${foo} world`
}

// Syntax: (arg1, arg2) => { ... }

// 多参数
(foo + bar) => {
  return foo + bar
}
```

3.2.1.4　无参数箭头函数

如果一个箭头函数无参数传入，则需要用一对空的括号来表示空的参数列表。

```
// Syntax: () => statement

const greet = () => 'Hello World!'
```

以上都是被支持的箭头函数表达方式，其最大的好处便是简洁明了，省略了 function 关键字，而使用 => 代替。相对于传统的 function 语句，箭头函数在简单的函数使用中更为简洁直观。

```
const arr = [1, 2, 3]

// 箭头函数
const squares = arr.map(x => x * x)

// 传统语法
const squares = arr.map(function(x) { return x * x })
```

箭头函数语言简洁的特点使其特别适合用于单行回调函数的定义。

```
const names = [ 'Will', 'Jack', 'Peter', 'Steve', 'John', 'Hugo', 'Mike' ]

const newSet = names
  .map((name, index) => ({
    id: index,
    name: name
  }))
  .filter(man => man.id % 2 == 0)
  .map(man => [ man.name ])
```

```
  .reduce((a, b) => a.concat(b))

console.log(newSet) //=> [ 'Will', 'Peter', 'John', 'Mike' ]
```

在 ECMAScript 这种同时具有函数式编程和面对对象编程特点的编程语言中，箭头函数可以让代码在编写上变得非常直观和易懂。

1. 将原本的由名字组成的数组转换为一个格式为`{ id, name }`的对象，`id` 则为每个名字在原数组中的位置。

2. 剔除其中 `id` 为奇数的元素，只保留 `id` 为偶数的元素。

3. 将剩下的元素转换为一个包含当前元素中原名字的单元数组，以方便下一步的处理。

4. 不断合并相邻的两个数组，最后得到的一个数组，便是我们需要得到的目标值。

3.2.2　this 穿透

事实上，箭头函数在 ES2015 标准中，并不只是作为一种简单的语法糖出现。就如同它在 CoffeeScript 中的定义一般，是用于将函数内部的 `this` 延伸至上一层作用域中，即上一层的上下文会穿透到内层的箭头函数中，我们可以以一段代码来简单解释。

```
const obj = {
  hello: 'world',
  foo() {
    // this
    const bar = () => this.hello

    return bar
  }
}

window.hello = 'ES6'
window.bar = obj.foo()
window.bar() //=> 'world'
```

如果用 Babel 等 ES2015 编译工具来将其转换为 ES5 的代码，其中的 `obj.foo` 函数如下。

```
// ...
foo() {
  var that = this
  var bar = function() {
    return that.hello
  }
```

```
  return bar
}
// ...
```

为什么要赋予箭头函数这样的特性呢？我们可以假设出这样的一个应用场景，我们需要创建一个实例，用于对一些数据进行查询和筛选。

```
const DataCenter = Object.freeze({
  baseUrl: 'http://example.com/api/data',
  search(query) {
    fetch(`${this.baseUrl}/search?query=${query}`)
      .then(res => res.json())
      .then(rows => {
        // TODO
      })
  }
})
```

此时，从服务器获得数据是一个 JSON[1]编码的数组，其中包含的元素是若干元素的 ID，我们需要另外请求服务器的其他 API 以获得元素本身（当然了，实际上的 API 设计大部分不会这么使用这种设计）。这样就需要在回调函数中再次使用 `this.baseUrl` 这个属性，如果要同时兼顾代码的可阅读性和美观性，ES2015 允许我们这样做（配合 Promise 以展示箭头函数的简洁性，我们将在本章节中详细讨论 Promise）。

```
const DataCenter = {
  baseUrl: 'http://example.com/api/data',
  search(query) {
    return fetch(`${this.baseUrl}/search?query=${query}`)
      .then(res => res.json())
      .then(rows => fetch(`${this.baseUrl}/fetch?ids=${rows.join(',')}`))
      // 此处的 this 是 DataCenter，而不是 fetch 中的某个实例
      .then(res => res.json())
  }
}

DataCenter.search('iwillwen')
  .then(rows => console.log(rows))
```

因为在单行匿名函数中，如果 `this` 指向的是该函数的上下文，就会不符合直观的语义表达。

3.2.2.1　程序逻辑注意事项

箭头函数对上下文的绑定是强制性的，无法通过 `apply` 或 `call` 方法改变。

[1]http://json.org

```
const a = {
  init() {
    this.bar = () => this.dam
  },
  dam: 'hei',
  foo() {
    return this.dam
  }
}

const b = {
  dam: 'ha'
}

a.init()

console.log(a.foo()) //=> hei
console.log(a.foo.bind(b).call(a)) //=> ha
console.log(a.bar.call(b)) //=> hei
```

因为箭头函数绑定上下文的特性，故不能随意在顶层作用域使用箭头函数，以防出现下面的错误。

```
// 假设当前运行环境为浏览器，则顶层上下文为 `window`
const obj = {
  msg: 'pong',

  ping: () => this.msg // Warning!
}

obj.ping() //=> undefined
var msg = 'bang!'
obj.ping() //=> bang!
```

为什么上面这段代码会如此让人费解呢？我们来看看它的等价代码吧。

```
var that = this // 此处的 this 很有可能是全局上下文，如 window 或 global
var obj = {
  // ...
  ping: function() {
    return that.msg // Warning!
  }
}

// 同样等价于
var that = this
var obj = { /* ... */ }
obj.ping = function() {
  return that.msg
```

```
}
```

同样地，在箭头函数中也没有 arguments、callee 甚至 caller 等对象。

```
const fn = () => {
  console.log(arguments[0])
}

fn(1, 2) //=> ReferenceError: arguments is not defined
```

如果有使用 arguments 的需求，可以使用后续参数来取得参数列表，我们将在下面的章节中详细讲解。

```
const fn = (...args) => {
  console.log(args[0])
}

fn(1, 2, 3) //=> 1
```

3.2.2.2 编写语法注意事项

ES2015 提供了多行的箭头函数语法，所以在使用单行箭头函数时，请不要对单行的函数体做任何换行，以免出现语法错误。

```
const fn = x
=> x * 2 // SyntaxError
const fn = x => x * 2 // OK
```

参数列表的右括弧、箭头需要保持在同一行内。

```
const fn = (x, y) // SyntaxError
=> {
    return x * y
}
const fn = (x, y) => { // OK
    return x * y
}
const fn = (x,
          y) => { // OK
    return x * y
}
```

单行箭头函数只能包含一条语句。但如果是错误抛出语句（throw）等非表达式的语句，则需要使用花括号包裹。

```
const fn1 = x => x * 2 // OK
const fn2 = x => x = x * 2; return x + 2 // SyntaxError
const fn3 = x => { // OK
 x = x * 2
```

```
  return x + 2
}

const fn4 = x => { throw new Error('some error message') }
```

若要使用单行箭头函数直接返回一个对象字面量，请使用一个括号包裹该对象字面量，而不是直接使用大括号，否则 ECMAScript 解析引擎会将其解析为一个多行箭头函数。

```
const ids = [ 1, 2, 3 ]
const users = ids.map(id => { id: id })
//=> Wrong: [ undefined, undefined, undefined ]

const users = ids.map(id => ({ id: id }))
//=> Correct: [ { id: 1 }, { id: 2 }, { id: 3 } ]
```

3.3 模板字符串（Template String）

模板字符串是 ES2015 中非常重要的一个特性，它对现代 ECMAScript 或 JavaScript 开发起到了相当大的推动作用！当然了，有的人可能会将模板字符串与大部分人所熟悉的模板引擎混淆，其实它们是两回事，或者说模板字符串是将以往的格式化字符串（Formatted String，在 Node.js 中是 util.format）以一种语法来实现了。

3.3.1 字符串元素注入

以往我们做字符串与变量拼接时，需要连续使用若干个“+”，从代码角度上看很不“干净”。在 Node.js 中，我们可以使用 util.format 这个 API 来进行优化。

```
import util from 'util'

const str = util.format('Hello %s', 'World') //=> Hello World
```

然而对于开发者来说，这显然并不能满足他们。比如在 Swift 语言中，可以使用这样的语法将变量直接注入到字符串中。

```
let foo = "World"
let str = "Hello \(foo)" //=> Hello World
```

3.3.2 多行字符串

在现代 JavaScript 应用开发中（特别是在 Node.js 中），开发者常常会遇到一些需要使用包含多行文本的字符串对象，然而 ECMAScript 在 ES2015 标准之前并没有原生支持多行字符串，而这在 Python 中可以很方便地被实现。

```
text = """
  Lorem ipsum dolor sit amet, consectetur adipiscing elit, sed do eiusmod tempor incididunt
ut labore et dolore magna aliqua.
  Ut enim ad minim veniam, quis nostrud exercitation ullamco laboris nisi ut aliquip ex
ea commodo consequat.
  Duis aute irure dolor in reprehenderit in voluptate velit esse cillum dolore eu fugiat
nulla pariatur.
  Excepteur sint occaecat cupidatat non proident, sunt in culpa qui officia deserunt mollit
anim id est laborum.
"""
```

如果在以往的 ECMAScript 中，我们可能会如此实现。

```
var text =
    "Lorem ipsum dolor sit amet, consectetur adipiscing elit, sed do eiusmod tempor
incididunt ut labore et dolore magna aliqua." +
    "Ut enim ad minim veniam, quis nostrud exercitation ullamco laboris nisi ut aliquip
ex ea commodo consequat."

// 或者
var text = [
    "Lorem ipsum dolor sit amet, consectetur adipiscing elit, sed do eiusmod tempor
incididunt ut labore et dolore magna aliqua.",
    "Ut enim ad minim veniam, quis nostrud exercitation ullamco laboris nisi ut aliquip
ex ea commodo consequat."
].join('\n')
```

面对这两个强烈的实际需求，TC-39 便为 ECMAScript 引入了**模板字符串**，以降低开发者处理稍微复杂的字符串的难度。

3.3.3 模板字符串使用语法

当我们使用普通的字符串时，我们会使用单引号或双引号来包裹字符串的内容。而 ES2015 的模板字符串则需要使用**反勾号（backtick，`）**。

```
// Syntax: `string...`

const str = `something`
```

3.3.3.1 支持字符串元素注入

与 Swift 中的使用方法类似，我们同样可以将一些元素注入到 ES2015 的模板字符串中。

```
// Syntax: `before-${injectVariable}-after`

const str = "str"
const num = 1
const void0 = void(0)
const bool = true
const obj = { foo: 'bar' }
const arr = [ 1, 2, 3 ]
const err = new Error('error')
const regexp = /foobar/

const str1 = `String: ${str}`     //=> String: str
const str2 = `Number: ${num}`     //=> Number: 1
const str3 = `null: ${null}`      //=> null: null
const str4 = `undefined: ${void0}` //=> undefined: undefined
const str5 = `Boolean: ${bool}`   //=> Boolean: true
const str6 = `Object: ${obj}`     //=> Object: [object Object]
const str7 = `Array: ${arr}`      //=> Array: 1,2,3
const str8 = `Error: ${err}`      //=> Error: Error: error
const str9 = `RegExp: ${regexp}`  //=> RegExp: /foobar/
```

3.3.3.2 支持换行

在现代 JavaScript 应用的开发中，我们经常会遇见对多行字符串进行处理的需求，如 SQL 字符串。

```
var sql =
  "SELECT * FROM Users " +
  "WHERE FirstName='Mike' " +
  "LIMIT 5;"
```

或者如下所示。

```
var sql = [
  "SELECT * FROM Users",
  "WHERE FirstName='Mike'",
  "LIMIT 5;"
].join(' ')
```

就如上面我们所说的，这样的写法实际上非常不“干净”，而模板字符串终于允许我们可以以一种非常简单的方式来表达多行字符串了。

```
/**
 * Syntax: `
 *   content
 * `
 */

const sql = `
```

```
  SELECT * FROM Users
  WHERE FirstName='Mike'
  LIMIT 5;
`
```

在 Node.js 应用的实际开发中，诸如 SQL 的编写，还有如 Lua 等嵌入语言（如 Redis 中的 SCRIPT 命令）的出现，或是手工的 XML 拼接这样的需求非常多，而模板字符串的出现使这些需求的解决变得轻松。

在 ECMAScript 对字符串的定义中，有以下一些字符字面量，通常用于非打印或特殊用途的字符，如表 3.3 所示。

表 3.3　字符字面量对应关系

字 面 量	含　义
\n	换行
\r	回车
\t	制表符
\b	空格
\f	进纸
\\	用于打印 \
\'	用于打印 '
"	用于打印 "
\xnn	以十六进制代码 nn 表示一个字符（其中 n 为 0～F）。例如 \x41 为 A
\unnnn	以十六进制代码 nnnn 表示一个 Unicode 字符（其中 n 为 0～F）。例如\u03a3 为 Σ

而现在因为模板字符串的引入，添加了 \` 用于打印 `。

多行模板字符串会在每一行的最后添加一个“\n”字面量，相当于使用 LF 换行符（在普遍使用 CRLF 换行符的 Windows 系统中，最新的 Microsoft Edge 浏览器同样是使用 LF 换行符）。所以在读取多行字符串的长度时，除最后一行以外，每一行的长度都会加 1，即增加了“ \n ”的长度。

```
const str = `A
B
C
D` //=> A\nB\nC\nD

console.log(str.length) //=> 7
```

CRLF 和 LF 是目前计算机科学中最为常用的两种换行符的格式，CRLF 换行符（`\r\n`）主要在以 Windows 操作系统为中心的生态圈中被使用，而 LF 换行符（`\n`）主要在以*nix（Unix/Linux）操作系统为中心的生态圈中被使用。

其中CRLF换行符与LF换行符的区别在于，CRLF较LF多一个回车字面量（CR，Carriage Return，`\r`），CRLF 的历史比 LF 要久远，CRLF 的历史可以追溯到 16 世纪使用机械打字机的时代。当时受限于技术的发展程度，在每一行结束时，需要将承载装纸滚筒的机架（Carriage）拨回到最右边，以便令印字位置对准每一行的开头，同时顺便转动滚筒，换至下一行，这便是**回车**。这一传统一直延续到了电子计算机中，换行符的电子符号↵（`\u21b5`）的图像意义便是印字位置的移动。但出于对计算机存储容量和传输成本的考虑，人们将 CRLF 中的 CR 省略，剩下一个 LF 来代表一行的结束和新一行的开始（在 CRLF 中，CR 表示的是一行的结束）。

3.3.4　注意事项

与普通字符串不一样的是，多行字符串没有两种或以上的定义语法，这就意味着它无法像下面第一行代码中普通字符串那样，使用双引号嵌套单引号来表达字符串中的字符串，但可以使用**反斜杠**来将需要显示的反勾号转义为普通的字符。

```
const str1 = "Here is the outter string. 'This is a string in another string'"
const str2 = `Here is the outter string. \`This is a string in another string\``
```

3.4　对象字面量扩展语法（Enhanced Object Literals）

在 ES2015 之前的 ECMAScript 标准中，对象字面量只是一种用于**表达**对象的语法，只具有表达的功能，并不能起到更大的作用。而在 ES2015 中，TC-39 为 ECMAScript 开发者开放了更多对于对象（Object）的操作权限，其中便有更多的对象字面量语法。

3.4.1　函数类属性的省略语法

因为 ES2015 中引入了类机制（Class），普通的对象字面量也吸收了其中一些语法糖，这可以让方法属性省略 `function`，因此让方法属性可以以一种更直观的语法来表达。

```
// Syntax: { method() { ... } }

const obj = {
```

```
  // Before
  foo: function() {
    return 'foo'
  },

  // After
  bar() {
    return 'bar'
  }

}
```

有了这个语法糖，对象字面量中的方法类属性更像是一个方法，而不只是一个以函数为值的属性。

3.4.2　支持 __proto__ 注入

在 ES2015 中，TC-39 决定向开发者开放直接向对象字面量注入 `__proto__` 的功能，这样做的意义在于开发者可以得到更高的对象操作权限，从而更加灵活地创建和操作对象。

假设我们需要为应用系统创建一个中心控制器，用于管理某一类数据或系统状态。在如今的 JavaScript 应用中，我们常常会以**事件**作为系统组件之间进行消息通讯的渠道，在 Node.js 的标准库中有一个名为 `events` 的库，其中便提供了 `EventEmitter` 这个用于实现**事件状态机**的类。`EventEmitter` 中包含了如 `on`、`once`、`emit` 等用于对事件进行监听、触发的方法，别的组件会通过对这个中心管理器进行监听来完成消息传递。

```
// EventEmitter
import { EventEmitter } from 'events'

const emitter = new EventEmitter()
emitter.on('event', msg => {
  console.log(`Received message: ${msg}`)
})

emitter.emit('event', 'Hello World')
//=> Received message: Hello World
```

而在一般情况下，`EventEmitter` 类的使用方式是将其作为一个类的父类，以让子类继承 `EventEmitter`。

```
class Machine extends EventEmitter { /* ... */ }
```

但是在现在这个需求中，如果只是为了一个单一的实例而创建一个类，就显得太过冗余。在 ES2015 标准之前，我们可能会通过 `mixin` 或 `merge` 等方法将一个 `EventEmitter` 类的实例的方法合并到一个对象中。

因为在 ES2015 标准中，开发者允许直接向一个对象字面量注入 `__proto__`，使其直接成为指定类的一个实例，而无须另外创建一个类来实现继承。对于我们这个需求，我们可以很简单地利用这个特性来实现。

```
// Syntax: { __proto__: ... }

import { EventEmitter } from 'events'

const machine = {
  __proto__: new EventEmitter(),

  method() { /* ... */ },
  // ...
}

console.log(machine)  //=> EventEmitter {}
console.log(machine instanceof EventEmitter)  //=> true

machine.on('event', msg => console.log(`Received message: ${msg}`))
machine.emit('event', 'Hello World')
//=> Received message: Hello World

machine.method(/* .... */)
```

3.4.3　可动态计算的属性名

在 ES2015 标准对于对象字面量的处理中，引入了一个新的语法，这个语法允许我们直接使用一个**表达式**来表达一个属性名。其实在 ES2015 之前，ECMAScript 中就有类似的语法，但并不能用于对象字面量中。

```
const obj = {}
const key = 'foo'
obj['abc' + key] = 'bar'
```

而在 ES2015 中，这个语法被引入到了对象字面量中。

```
// Syntax: { [statement]: value }

const prefix = 'es2015:'
const obj = {
  [prefix + 'enhancedObject']: 'foobar'
}
```

这个特性在某种意义上是为后面的 `Symbol` 而准备的。比如一些比较常用的、会被

ECMAScript 引擎的内部实现所使用的 Symbol 需要使用这个特性来对对象字面量进行拓展。

```
const fibo = {
  a: 0,
  b: 1,
  [ Symbol.iterator ]() {
    return {
      next() {
        [fibo.a, fibo.b] = [fibo.b, fibo.a + fibo.b]
        return { done: false, value: fibo.b }
      }
    }
  }
}

for (const n of fibo) {
  if (n > 100) break
  process.stdout.write(n.toString() + ' ')
}
//=> 1 2 3 5 8 13 21 34 55 89
```

这段代码中结合了方法类属性的省略语法糖、可动态计算的属性值、解构语法（用于交换变量值）以及 Symbol 等新特性，创建了一个可以生成斐波那契数列的对象，并利用 for-of 循环语句将数列中的前若干个元素打印到标准输出（Standard Output）中。

3.4.4 将属性名定义省略

在某些场景中，我们需要将一些已经被定义的变量（或常量）作为其他对象字面量的属性值进行返回或传入操作。然而在很多情况下，这些变量名和属性名都是相同的，这在 ES2015 中也得到了新的语法糖支持。

```
// Syntax: { injectVariable }

const foo = 123
const bar = () => foo

const obj = {
  foo,
  bar
}

console.log(obj) //=> { foo: 123, bar: [Function: bar] }
```

这个特性在某些场景下显得十分实用，比如在 Vue.js 中，我们要为一个 ViewModel 实例传入一些独立的组件以供使用，如果 ES2015 中没有这个语法糖，代码就显得十分冗余。

```
import { Header, Footer } from './components'

new Vue({
  // ...
  components: {
    Header: Header,
    Footer: Footer
  }
})

    // With the feature

new Vue({

  // ...

  components: {

    Header,

    Footer

  }

})
```

3.5　表达式结构（Destructuring）

我们经常可以在其他编程语言（如 Go 语言[2]）中看到**多返回值**这种特性，因为在很多实际场景中，函数的返回值并不只有一个单一的值，就像传入参数并不只有一个一样。但是在 ES2015 标准之前，ECMAScript 中并没有可以直接使用语法来实现多返回值的特性，即便在后来的 Promise/A+[3] 或 ES2015 的 Promise[4]实现中，也没有对多返回值这个特性做任何支持。

> ES2015 中的 Promise 特性基于 Promise/A+标准制定。

在 Go 语言中，基本上任何 IO 操作都会以多返回值来返回错误信息和 IO 结果，而多返回值也是 Go 语言从一开始便支持的特性，此外还有著名的嵌入式语言 Lua 也支持多返回值。

```
// Go
func getX2AndX3(input int) (int, int) {
  return 2 * input, 3 * input
}
```

---

[2]https://golang.org/

[3]https://promisesaplus.com/

[4]http://www.ecma-international.org/ecma-262/6.0/index.html#sec-promise-executor

```
func main() {
  var num int = 3
  var numx2, numx3 = getX2AndX3(num)
  fmt.Printf("Number = %d, 2x number = %d, 3x number = %d\n", num, numx2, numx3)
  //=> Number = 3, 2x number = 6, 3x number = 9
}
```

在实际开发中，我们不难发现多返回值的需求是远远大于单一返回值的，比如在一些 IO 操作中，需要返回的除了数据以外，还可能有请求状态等。在 ES2015 标准发布之前，开发者们经常用对象字面量或数组来模拟多返回值。

```
// with Object
function fn1() {
  return {
    value1: 1,
    value2: 2,
    // ...
  }
}
var res1 = fn1()
var value1 = res1.value1
var value2 = res1.value2

// with Array
function fn2() {
  return [ 1, 2 ]
}
var res2 = fn2()
var value3 = res2[0]
var value4 = res2[1]
```

除了同步函数以外，在 ECMAScript 中（尤其是 Node.js 环境），利用回调函数来返回多个返回值也成为了一种实现方式。比如在 Node.js 的标准库中，所有的异步 IO 操作都会以一个标准的回调函数来响应 IO 状态。而这种标准回调函数的参数列表第一个都会是一个表示错误信息的 `Error` 对象，如果 IO 操作过程中没有任何错误，最后响应时该参数的值应为 `null`。而 IO 操作的结果以后续参数的形式传入。

```
fs.readFile(__dirname + '/foobar.txt', function(err, data) {
  if (err) {
    return console.error(err)
  }

  // ...
})
```

但这些方法始终无法让工程师们满足，所以经过 TC-39 的讨论后，模式匹配终于进入了语言标准中，以实现原生的函数多返回值。当然了，在 ES2015 中的模式匹配特性并不只局限于用来实现多返回值，它的一些特性甚至超越了 Go、Lua[5]、Python[6]等支持多返回值的编程语言，以至于我们可以使用这个特性实现更多的需求，甚至实现一些让我们出乎意料的功能。

3.5.1　使用语法

因为在 ES2015 之前工程师们一般使用对象字面量和数组来模拟函数多返回值，所以在 ES2015 中同样可以使用类似的语法来实现函数多返回值，且语法上更加简洁。

3.5.1.1　使用对象作为返回载体（带有标签的多返回值）

就像以前使用一个对象作为多返回值的载体一样，ES2015 中同样可以使用一个对象来传递多个返回值。

```
// Syntax: { arg1, arg2 } = { arg1: value1, arg2: value2 }

function getState() {
  // ...
  return {
    error: null,
    logined: true,
    user: { /* ... */ },
    // ...
  }
}

const { error, logined, user } = getState()
if (error) { /* ... */ }
```

3.5.1.2　使用数组作为返回载体

使用数组作为返回载体与使用对象作为返回载的区别是：数组需要让被赋予的变量（或常量）名按照数组的顺序获得值。

```
// Syntax: [ arg1, arg2 ] = [ value1, value2 ]

const [ foo, bar ] = [ 1, 2 ]
console.log(foo, bar) //=> 1 2
```

如果你希望跳过数组中某些元素，那么可以通过空开一个元素的方式来实现。

[5]http://www.lua.org/

[6]https://www.python.org/

```
// Syntax: [ arg1, , arg2 ] = [ value1, value2, value3 ]

const [ foo, , bar ] = [ 1, 2, 3 ]
console.log(foo, bar) //=> 1 3
```

如果你希望能在获取指定位置的元素以外，也可以不定项地获取后续的元素，那么可以用 `...` 语句来实现。

```
// Syntax: [ arg1, arg2, ...restArgs ] = [ value1, value2, value3, value4 ]

const [ a, b, ...rest ] = [ 1, 2, 3, 4, 5 ]
console.log(a, b) //=> 1 2
console.log(rest) //=> [ 3, 4, 5 ]
```

3.5.2 使用场景

3.5.2.1 Promise 与模式匹配

上面我们说到了在 Promise 的标准定义中，可以看到 Promise 是只允许返回一个值的。但是在很多情况下，我们同样需要向 Promise 的 `onFulfilled` 传递多于一个的返回值，那么我们则需要用到解构特性来实现这个需求。

在文档约定完备的情况下，我们可以使用数组作为载体，好处在于执行 `Promise.resovle` 方法时的语法较为简单。需要注意的是，如果在 `Promise.then` 方法中传入的是一个带有解构参数的箭头函数时，解构参数外必须要有一个括号包裹，否则会抛出语法错误。

```
function fetchData() {
  return new Promise((resolve, reject) => {
    // ...

    resolve([ 'foo', 'bar' ])
  })
}

fetchData()
  .then(([ value1, value2 ]) => {
    console.log(value1, value2) //=> foo bar
  })

fetchData()
  .then([ value1, value2 ] => { //=> SyntaxError
    // ...
  })
```

如果参数过多但在某个场景下并不需要全部参数，或者文档约定不完善的情况下，使用对象作为传递载体更佳。

```
function fetchData() {
  return new Promise((resolve, reject) => {
    // ...

    resolve({
      code: 200,
      message: 'OK',
      data: [ 'foo', 'bar' /* ... */ ]
    })
  })
}

fetchData()
  .then(({ data }) => console.log(data)) //=> foo bar ...
```

3.5.2.2　Swap（变量值交换）

Swap 是计算机编程领域中非常经典的一个概念，表示定义一个函数或一种语法来交换两个变量的值。在过去的 ECMAScript 中，我们一般需要使用一个临时中间变量来实现 Swap，而在 ES2015 中，我们可以使用模式匹配来实现 Swap。

```
function swap(a, b) {
  var tmp = a
  a = b
  b = tmp
}
let foo = 1
let bar = 2

// Before Swap
console.log(foo, bar) //=> 1 2

// Swap
;[ foo, bar ] = [ bar, foo ]

// After Swap
console.log(foo, bar) //=> 2 1
```

3.5.3　高级用法

ES2015 所定义的模式匹配语法中，还有一些比较高级的语法供我们使用，以满足一些比较特殊的需求。

3.5.3.1 解构别名

如果在一个使用了对象作为多返回值载体的函数中，我们需要获取其中的某个返回值，但是却不想使用其中的属性名作为新的变量名（或常量名），那么就可以使用**别名**来获得相应的返回值，只需要在原来的返回值名称后面加上“: x”即可，其中 x 为希望使用的变量名。

```
function fetchData() {
  return {
    response: [ 'foo', 'bar' /* ... */ ]
  }
}

const { response: data } = fetchData()
console.log(data) //=> foo bar ...
```

3.5.3.2 无法匹配的缺省值

如果在模式匹配中，存在无法匹配的值（载体对象中不存在相应的值或目标参数所对应下标超出了载体数组的下标范围），默认情况下会获得 undefined。

```
// Object
const { foo, bar } = { foo: 1 }
console.log(foo, bar) //=> 1 undefined

// Array
const [ a, b, c ] = [ 1, 2 ]
console.log(a, b, c) //=> 1 2 undefined
```

当然，如果不希望得到 undefined，ES2015 也允许我们为参数赋予一个默认值，即当无法匹配到相应的值时，该变量便会使用该默认值。

```
const { foo = 1 } = { bar: 1 }
console.log(foo) //=> 1

const [ a, b = 2 ] = [ 1 ]
console.log(a, b) //=> 1 2
```

3.5.3.3 深层匹配

大部分情况下，我们从服务器或者第三方服务获取到的数据都不会是只有一层的简单结构数据。若我们需要从中获取到某一个深层元素，从前可能需要一层一层的获取相应的属性，但在 ES2015 中，模式匹配便可以实现深层匹配。

比如我们从 Flickr API 中获取一个关于熊猫（Panda）的图片集，API 获取的数据呈如下结构。

```
{
  "title": "Uploads from everyone",
  "link": "http://www.flickr.com/photos/",
  "description": "",
  "modified": "2016-03-21T11:12:18Z",
  "generator": "http://www.flickr.com/",
  "items": [
    {
      "title": "image",
      "link": "http://www.flickr.com/photos/92835632@N05/25324943374/",
      "media": {
        "m": "http://farm2.staticflickr.com/1584/25324943374_1246a12ec7_m.jpg"
      },
      "date_taken": "2016-03-21T18:05:57-08:00",
      "description":                              "                   <p><a
href=\"http://www.flickr.com/people/92835632@N05/\">LittleMickySBN<\/a>    posted    a
photo:<\/p>    <p><a    href=\"http://www.flickr.com/photos/92835632@N05/25324943374/\"
title=\"image\"><img
src=\"http://farm2.staticflickr.com/1584/25324943374_1246a12ec7_m.jpg\"  width=\"240\"
height=\"240\" alt=\"image\" /><\/a><\/p> ",
      "published": "2016-03-21T11:12:18Z",
      "author": "nobody@flickr.com (LittleMickySBN)",
      "author_id": "92835632@N05",
      "tags": ""
    }
    // ...
  ]
}
```

显然我们真正想要的只是其中一少部分的内容，那么我们应该如何使用模式匹配中的深层匹配来取得这些我们想要的数据呢？

假设我们需要取得 `items` 中每一个元素的 `title`、`link`、`author`、`published` 以及 `media` 中的 `m`，我们可以通过 `Array.map` 方法和深层匹配解构来取得数据。

```
const data = sourceData.items.map(
  ({ title, link, author, published, media: { m: image } }) => ({
    title, link, author, image, published
  })
)

console.log(data)
/* =>
[ { title: 'image',
    link: 'http://www.flickr.com/photos/92835632@N05/25324943374/',
    author: 'nobody@flickr.com (LittleMickySBN)',
    image: 'http://farm2.staticflickr.com/1584/25324943374_1246a12ec7_m.jpg',
    published: '2016-03-21T11:12:18Z' },
```

```
  { title: 'Spring vibes yesterday in Sankt-Peter Ording. It ought to be cloudy all day
- when suddenly the sun came out and stayed all along. Still feeling stoked.',
    link: 'http://www.flickr.com/photos/k-o-r/25328920903/',
    author: 'nobody@flickr.com (Oliver Raatz)',
    image: 'http://farm2.staticflickr.com/1521/25328920903_ce82a71e9c_m.jpg',
    published: '2016-03-21T11:12:20Z' }
  // ...
]
*/
```

就如上面这段代码所演示的，我们可以通过嵌套解构表达式来获取深层的内容，而且可以在对象中嵌套数组来获取对象中的数组的某元素，反之亦然。

```
// Object in Object
const { a, b: { c } } = { a: 1, b: { c: 2 } }
console.log(a, c) //=> 1 2

// Array in Object
const { d, e: [ f ] } = { d: 1, e: [ 2, 3 ] }
console.log(d, f) //=> 1 2

// Object in Array
const [ g, { h } ] = [ 1, { h: 2 } ]
console.log(g, h) //=> 1 2

// Array in Array
const [ i, [ j ] ] = [ 1, [ 2, 3 ] ]
console.log(i, j) //=> 1 2
```

同样，别名、缺省值等语法也可以使用在深层匹配中。

3.5.3.4 配合其他新特性

在 ES2015 中有许多新的特性是相辅相成的，当它们被单独使用时可能并没有很明显的优越性，但当它们组合使用时，便会体现出许多奇妙之处。

比如在 ES5 中，数组类型被定义了一个新的 `forEach` 方法，这个方法相对于 ES3 时代中的 for 循环语句好处是 Functional Programming（函数式编程）和自带闭包；但同时也产生了一个新的问题——`forEach` 无法像 `for`、`while` 等循环语句一样被 `break` 等控制语句终止，进而产生了许多不便。

而 TC-39 为 ES2015 加入了 `for-of` 循环，配合 `const`、`Array.entries()` 等特性，我们甚至可以写出远比 ES5 时代更好的代码，这同样可以说是 ES2015 中的进步之处。

```
const arr = [ 'Mike', 'Peter', 'Ben', 'William', 'John' ]
```

```
for (const [ index, item ] of arr.entries()) {
  console.log(index, item)

  if (item.match(/^W/)) break // Break!
}
//=>
//  0 Mike
//  1 Petter
//  2 Ben
//  3 William
```

3.6 函数参数表达、传参

我们常说，在 ECMAScript 的开发中函数是**第一类公民（First-class citizen）**，但函数形参的使用十分简陋。ECMAScript 与 Java 等语言不一样，ECMAScript 的函数没有重载的概念，即无法通过不同的参数列表来区分同一个函数名的不同作用。

在 ECMAScript 的函数定义中存在 `arguments` 的概念，这是 ES2015 标准被定义之前在 ECMAScript 的函数中对当前调用所传入的形参列表进行访问的对象，聪明的开发者们利用这个对象实现了许多在 ECMAScript 标准中并没有定义的功能，如默认参数、剩余参数甚至重载等。

```
// Default value
function fn1(opt) {
  opt = opt || {}

  // ...
}

// Rest arguments
function fn(foo, bar) {
  var restArgs = [].slice.call(arguments, 2)

  // ...
}

// Methods overload
function Person(name) {
  this.name = name
}
Person.prototype.greet = function() {
  var length = arguments.length
  if (length == 1) return this._greet.apply(this, arguments)

  console.log("Hey, I'm " + this.name + ".")
```

```
}
Person.prototype._greet = function(name) {
  console.log("Hey " + name + ", I'm " + this.name)
}
```

这些需求都是实际开发中会经常使用到的，尤其是在开发系统通用组件或开源框架时，这些特性的使用可以大大增强组件对外暴露的 API 的友好性。

经过了多年的讨论和迭代，TC-39 决定将这些特性直接引入 ECMAScript（ES2015）标准中，这让 ECMAScript 在开发体验上有了相当程度的提高。与此同时，使用这些原生的语言特性所完成的代码，相比于之前需要开发者自行实现的代码，可阅读性更高。

3.6.1 默认参数值

当我们在开发一些工程应用中的通用组件时，都需要向外暴露一些接口以供使用。而这些接口的友好性是决定这个组件质量的一大指标，其中参数缺省值（默认值）的完善程度同时也影响着接口的友好性。

3.6.1.1 使用语法

相对于 ES2015 之前需要自行实现的默认参数值，ES2015 中使用语法直接实现默认参数值语法显得更加简洁而直观。

```
// Syntax: function name(arg = defaultValue) { ... }

function fn(arg = 'foo') {
  console.log(arg)
}

fn()      //=> foo
fn('bar') //=> bar
```

3.6.1.2 使用场景

在 JavaScript 通用组件开发中，某一个接口很有可能需要同时提供两种获取返回值的方式——回调函数与 Promise。而当使用了 Promise 时，应当允许不传入作为最后一个形参的回调函数。在某种意义上可以说是让这个回调函数的缺省值为一个 noop 函数，即空函数，使内部程序在将其作为回调函数执行的时候不会有任何行为发生。

如果使用 ES2015 中的默认参数值来实现，语法可以变得非常优雅。首先定义 noop 函数，以作为回调函数的默认值。

```
const noop = () => {}
```

然后再简单地实现一个同时提供回调函数和 Promise 的返回方式的接口。

```
function api(callback = noop) {
  return new Promise((resolve, reject) => {
    const value = 'foobar'

    resolve(value)
    callback(null, value)
  })
}

// Callback
api((err, data) => {
  if (err) return console.error(err)

  // ...
})

// Promise
api()
  .then(value => {
    // ...
  })
  .catch(err => console.error(err))
```

显然，在现代 JavaScript 的应用开发中，Promise 的使用频率会更高，体验也更好。Promise 在经过多年的讨论、演变和实践后，也成为了 ES2015 标准中的一个新特性，在后文中将会详细地介绍和讨论 Promise 的使用和应用场景。

函数的默认参数特性还可以用在某一个对象的方法中，而且所指定的默认参数还可以被定为该对象的某一个属性，这一特性可以用在很多逻辑开发场景中。

```
const obj = {
  msg: 'World',

  greet(message = this.msg) {
    console.log(`Hello ${message}`)
  }
}

obj.greet()          //=> Hello World
obj.greet('ES2015') //=> Hello ES2015
```

3.6.2 剩余参数

在 ES2015 发布之前，在 ECMAScript 对函数的定义中存在一个名为 `arguments` 的对象，该对象用于在函数体内访问当前被调用时所传入的参数列表。这个 `arguments` 是一个**类数组对象（Array-like Object）**，即 `arguments` 以自然数（0、1、2 等）作为属性名并以相对应的传入参数值作为属性值，所以 `arguments` 对象并不具备数组类型所具有的方法等。因此在以前的 ECMAScript 应用开发中，经常会使用 `Array.slice` 来将 `arguments` 转换为一个真正的数组。

```
function fn() {
  var args = [].slice.call(arguments)

  console.log(args)
  console.log(args.filter(function(i) {
    return i % 2 == 0
  }))
}

fn(1, 2, 3, 4, 5)
//=>
//  1 2 3 4 5
//  2 4
```

在 ES2015 中同样为 Array 这个对象添加了一个新的方法 `Array.from`，这个方法作用就是将一些可以被转换为数组的对象转换为数组，其中最主要的就是类数组对象（包括 `arguments`）。

```
function fn() {
  console.log(Array.from(arguments))
}

fn(1, 2, 3, 4, 5) //=> 1 2 3 4 5
```

3.6.2.1 使用语法

ES2015 中对剩余参数有了更为优雅和标准的语法，同时也避免了如 `[].slice` 等不干净代码的使用，直接将需要获取的参数列表转换为一个正常数组，以便使用。

```
// Syntax: function fn([arg, ]...restArgs) {}

function fn(foo, ...rest) {
  console.log(`foo: ${foo}`)
  console.log(`Rest Arguments: ${rest.join(',')}`)
}

fn(1, 2, 3, 4, 5)
//=>
//  foo: 1
//  Rest Arguments: 2,3,4,5
```

3.6.2.2 使用场景

在以往的 ECMAScript 开发中，arguments 对象最大的应用场景是判断当前的调用行为，以及获取未在函数形参内被定义的传入参数。比如十分常用的 merge 和 mixin 函数（合并对象）就会需要使用到剩余参数这个特性来实现。

```
function merge(target = {}, ...objs) {
  for (const obj of objs) {
    const keys = Object.keys(obj)

    for (const key of keys) {
      target[key] = obj[key]
    }
  }

  return target
}

console.log(merge({ a: 1 }, { b: 2 }, { c: 3 }))
//=> { a: 1, b: 2, c: 3 }
```

3.6.2.3 注意事项

语法使用的注意事项

要注意的是，一旦一个函数的参数列表中使用了剩余参数的语法糖，便不可以再添加任何参数，否则会抛出错误。

```
function fn1(...rest) { /* ... */ }      // Correct
function fn2(...rest, foo) { /* ... */ } // Syntax Error
```

arguments 与剩余参数

虽然从语言角度看，arguments 和...args 是可以同时使用的，但有一种情况除外——arguments 在箭头函数中，会跟随上下文绑定到上层，所以在不确定上下文绑定结果的情况下，尽可能不要在箭头函数中使用 arguments，而要使用...args。

虽然 ECMA 委员会和各类编译器都没有强制要求用...args 来代替 arguments，但从实践经验看来，...args 确实可以在绝大部分场景下代替 arguments 使用，除非在特殊的场景下需要使用到 arguments.callee 和 arguments.caller。因此，我推荐都使用...args 而非 arguments。

在严格模式（Strict Mode）中，arguments.callee 和 arguments.caller 是禁止被使用的。

3.6.3　解构传参

在 ECMAScript 对函数的定义中，有两个用于实现自定义函数调用的方法——apply 和 call。这两个方法都可以让开发者以一个自定义的上下文（函数中的 this）来传入参数，其区别是：apply 需要以数组的方式传入参数，而 call 则需要想像普通调用一样传入参数。

```
function fn() {}
var obj = { foo: 'bar' }

// Function.prototype.apply - Syntax: fn.apply(context, [ arg1, arg2 ])
fn.apply(obj, [ 1, 2, 3 ])

// Function.prototype.call  - Syntax: fn.call(context, arg1, arg2)
fn.call(obj, 1, 2, 3)
```

这两个方法的意义在于，可以改变函数内的上下文，还能以程序化的方式控制函数的传入参数。但有些时候，函数内部是没有对上下文做任何访问的，所以 apply 和 call 的意义只在于控制传入参数，而上下文则可能会使用 null 代替。

```
function sum(...numbers) {
  return numbers.reduce((a, b) => a + b)
}

sum.apply(null, [ 1, 2, 3 ]) //=> 6
```

然而对于不了解 apply 或 call 特性的开发者来说，这无疑是一种“不干净”的实现。在 ES2015 中，这种现象可以得到解决，同样也是基于表达式解构的实现。

结合 apply 语法特点，ES2015 中的**解构传参**同样是使用数组作为传入参数以控制函数的调用情况，但不同的是解构传参不会替换函数调用中的上下文。

与剩余参数一样，解构传参使用 ... 作为语法糖标示符。

```
// Syntax: fn(...[ arg1, arg2 ])

function sum(...numbers) {
  return numbers.reduce((a, b) => a + b)
}

sum(...[ 1, 2, 3 ]) //=> 6
```

3.7 新的数据结构

无论在任何编程语言中，数据结构都是极其重要的基础，这在实际开发中更是影响着绝大部分工程应用的性能，直接关系到开发者的开发效率。

在 ECMAScript 中，定义了以下几种基本的数据结构，其中也分为值类型（Primitive Types）和引用类型（Reference Types）。

值类型数据结构：

- String - 字符串
- Number - 数值（包括整型和浮点型）
- Boolean - 布尔型（`true` 与 `false`）
- Null - 空值
- Undefined - 未定义值

引用类型数据结构：

- Object - 对象
- Array - 数组
- RegExp - Regular Expression with pattern 正则表达式
- Date - 日期
- Error - 错误

而在严格意义上，ECMAScript 中只有 Object 一种引用类型，因为 Array、Date 等类型都是派生于 Object 的子类型。实际上，ECMAScript 对数据结构的定义有些不完善，开发者长期以来需要使用 ECMAScript 所提供的集中基本数据结构来模拟高级数据结构，以应对那些需要使用高级数据结构的需求。

3.7.1 Set 有序集合

在 ECMAScript 中，Array 表示一系列元素的**有序集合（Ordered Set）**，其中每一个元素都会带有自身处在这个集合内的位置并以自然数作为标记，即带有下标。但是在很多场景下，并不需要为一个集合中的元素维护序列，甚至其中有不少的场景需要无序集合，但是 ECMAScript 在这方面一直处于欠缺状态。

经过了许多的讨论和实践之后，TC-39 终于将**无序集合（Set）**引入到了 ECMAScript 中，使 ECMAScript 在数据结构方面逐步得到完善。

对于有经验的 ECMAScript 开发者来说，无序集的概念其实相当容易理解，可以将它当成没有**排序概念**的数组，在此之上无序集也有着**元素不可重复**的特性。数组和集合的具体区别如表 3.4 所示。

表 3.4　数组与集合的区别

	数　组	集　合
元素序列	有序	无序
元素可重复性	元素可重复	元素不可重复

3.7.1.1　使用语法

在 ES2015 中，集合与数组不一样的是，集合无法像数组那样使用`[]`语法来直接生成，而需要用新建对象的方法来创建一个新的集合对象。

```
// Syntax: new Set([iterable]) : Set

const set = new Set()
```

在创建集合对象时，我们同样可以直接使用一个现成的数组对象作为该集合对象的初始元素。

```
const set = new Set([ 1, 2, 3 ])
```

同样是因为目前依然没有直接的语法糖可以支持集合，所以集合的任何操作都需要通过集合对象来实现，如表 3.5 所示。

表 3.5　集合对象操作方法

操作方法（语法）	方法内容
`set.add(value)`	添加元素到集合内
`set.delete(value)`	删除集合内的指定元素
`set.clear()`	清空集合内的元素
`set.forEach(callbackFn[, context])`	历遍集合内的所有元素，并作为第一参数调用 `callbackFn`
`set.has(value)`	检查集合内是否含有某元素

3.7.1.2 增减元素

我们可以通过 add 、 delete 和 clear 方法来添加、删除、清空集合内的元素。

```
const set = new Set()

// 添加元素
set
  .add(1)
  .add(2)
  .add(3)
  .add(3) // <-- 这一句并不会起到任何作用，因为元素 3 已存在于集合内
console.log(set) //=> Set { 1, 2, 3 }

// 删除元素
set.delete(2)
console.log(set) //=> Set { 1, 3 }

// 清空集合
set.clear()
console.log(set) //=> Set {}
```

3.7.1.3 检查元素

因为在集合中并没有排序的概念，所以集合对象并没有像数组对象那样有 indexOf 方法，也就意味着不能通过 set.indexOf(value) >= 0 的形式来检查元素是否存在于集合中。庆幸的是，ES2015 中的集合对象原生提供了用于检查某集合中是否包含某一个元素的方法，而且比数组中方法性能更优且更简洁易懂。

```
const set = new Set([ 1, 2, 3, 4 ])

// 检查元素
set.has(2) //=> true
set.has(5) //=> false
```

3.7.1.4 历遍元素

集合对象自身定义了 forEach 方法，跟数组类型中的 forEach 一样，传入一个回调函数以接受集合内的元素，并且可以为这个回调函数指定一个上下文。

```
const set = new Set([ 1, 2, 3, 4 ])

set.forEach(item => {
  console.log(item)
})
//=>
//  1
```

```
// 2
// 3
// 4

set.forEach(item => {
  console.log(item * this.foo)
}, { foo: 2 })
//=>
// 2
// 4
// 6
// 8
```

就像数组对象中的 forEach 一样，集合对象中的 forEach 方法是无法被中断的。而在 ES2015 中，由于 Symbol 的引入，数组等类型有了一个新的属性 Symbol.iterator（迭代子），而这些类型也有了新的名称——**可迭代对象（Iterable Object）**，其中包括数组类型（Array）、字符串类型（String）、TypedArray、集合类型（Set）以及将在下文中介绍的字典类型（Map）和生成器类型（Generator）。在 ES2015 中被定义的 for-of 循环语句便可以对这些可迭代对象进行迭代，并可以配合 const 或 let 使用，从而解决了 forEach 方法不可中断的问题。

```
const set = new Set([ 1, 2, 3 ])

for (const val of set) {
  console.log(val)
}
//=> 1 2 3
```

3.7.2　WeakSet

在 ES2015 所定义的新数据类型中，还有一种升级版本叫 Weak，其中集合类型所对应的 Weak 版本便是 WeakSet。在现代 JavaScript 应用开发中（特别是基于在 HTML5 技术开发的游戏），内存安全的保障越来越受重视，我曾专门发布过一篇关于如何在 JavaScript 应用开发中进行内存优化的文章[7]，而 TC-39 则是从数据存储的角度为 ECMAScript 制定了一些合理运用内存的方案。在上述方案中，Weak 版本的数据类型起到十分关键的作用。

首先从一段简单的代码中来了解 WeakSet 与 Set 的区别。

```
// Syntax: new WeakSet() : WeakSet
```

[7]JavaScript 内存优化 http://lifemap.in/javascript-memory-optimize

```
const weakset = new WeakSet()
weakset.add(1) //=> TypeError: Invalid value used in weak set

weakset.add({ foo: 1 })
console.log(weakset) //=> WeakSet {}

console.log(weakset.size) //=> undefined
```

这里可以看到 `WeakSet` 与 `Set` 有三个不一样的地方：

1. `WeakSet` 不能包含值类型元素，否则则会抛出一个 `TypeError`。

2. `WeakSet` 不能包含**无引用**的对象，否则会自动清除出集合。

3. `WeakSet` 无法被探知其大小，也无法被探知其中所包含的元素。

可能你会对这三个特点感到很诧异，为什么 TC-39 会为 `WeakSet` 设定这样的特性呢？其中的原因是什么？

实际上，第一个和第三个差异都可以通过第二个来进行解释。`Weak` 版本的数据类型是无法包含**无引用**的元素的，一旦数据结构内的任一元素的引用被全部解除，该元素便会被移除出当前所在的数据结构。

```
const weakset = new WeakSet()
let foo = { bar: 1 }

weakset.add(foo)
console.log(weakset.has(foo)) //=> true

foo = null
console.log(weakset.has(foo)) //=> false
```

在上面一段代码中，若直接将一个对象字面量加入到 `WeakSet` 中，该对象便会被自动移除，通过本章的第一节可知，对象字面量自身是无法被引用的，所以无法被加入到 `WeakSet` 中。

而无法加入值类型的原因在于，值类型在通过语法来表示的时候，是不存在引用的。而且值类型底层在进行操作的时候，会出现非常频繁的内存操作和引用变动。比如字符串不存在字符串修改这一种说法，程序对字符串进行操作时，都会重新创建一个字符串得到操作结果，而不是对原有的数据进行修改。

在 ECMAScript 中确实可以使用一种“投机取巧”的方法强制性地让类型检测将值类型判断为引用类型，以实现将字符串等值类型加入到 `WeakSet` 数据结构中。

```
const weakset = new WeakSet()
let str = new String('Hello')

weakset.add(str)
console.log(weakset.has(str)) //=> true
```

但是这种做法的弊端在于，被加入到 WeakSet 中的字符串不能被修改，因为一旦进行修改，其引用便会丢失，甚至导致被移除出集合。

```
str += ' World'
console.log(weakset.has(str)) //=> false
```

WeakSet 最大的实用意义在于，可以让我们直接对引擎中垃圾收集器的运行情况有程序化的探知方式，开发者可以利用 WeakSet 的特性以更高的定制化方案来优化程序的内存使用方案。比如需要实现一个应用级别的 JavaScript 对象存活情况监控工具，用于监控 JavaScript 应用中的变量使用情况及 JavaScript 引擎的垃圾收集情况，就可以利用 WeakSet 来监控重要变量（或常量）的引用变动。

3.7.3 Map 映射类型

TC-39 除了为 ECMAScript 引入了集合类型以外，同时还引入了映射类型（Map）。映射类型有很多种叫法，如 Map、Hash 等。而在 ES2015 之前，ECMAScript 中的 Object 在结构上也属于映射类型。

映射类型在计算机科学中的定义属于**关联数组（Associative Array）**，而关联数组的定义为若干个键值对（Key/Value Pair）组成的集合，其中每一个键（Key）都只能出现一次。这与数学中的函数一样，每一个输入值都有且只有一个函数值。

然而对于很多人来说，都会对 Map 产生疑问——既然 ECMAScript 中已经有了 Object 这一对象类型，为何 TC-39 还要引入这个 Map 对象呢？既然这是经过许多人的多次审核才制定下来的标准，那就肯定有与 Object 不一样的地方。我们先来看看 Map 的使用语法。

3.7.3.1 使用语法

同样地，映射类型也没有像对象字面量那样的表达语法，需要使用创建一个相应的实例来进行使用。

```
// Syntax: new Map([iterable]) : Map

const map = new Map()
```

在创建映射对象时，可以将一个以二元数组（键值对）作为元素的数组传入到构建函数中，其中每一个键值对都会加入到该映射对象中。该数组内的元素会以数组顺序进行处理，如果存在相同的键，则会按照 FIFO（First In First Out，先进先出）原则，以该键最后一个处理的对应值为最终值。

```
const map = new Map([ [ 'foo', 1 ], [ 'foo', 2 ] ])

console.log(map.get('foo')) //=> 2
```

与对象字面量一样，映射对象可以对其中的键值对进行添加、检查、获取、删除等操作。当然，作为新特性的映射对象也拥有一些 `Object` 没有的方法。我们先通过表 3.6 了解一下映射对象对键值对的操作方法，然后逐条详细学习。

表 3.6　映射对象操作方法

操作方法（语法）	方法内容
map.set(key, value)	添加键值对到映射中
map.get(key)	获取映射中某一个键的对应值
map.delete(key)	将某一键值对移除出映射
map.clear()	清空映射中的所有键值对
map.entries()	返回一个以二元数组（键值对）作为元素的数组
map.has(key)	检查映射中是否包含某一键值对
map.keys()	返回一个以当前映射中所有键作为元素的可迭代对象
map.values()	返回一个以当前映射中所有值作为元素的可迭代对象
map.size	映射中键值对的数量

3.7.3.2　增减键值对

与集合对象类似，可以通过 `set`、`delete` 和 `clear` 方法对映射对象内的键值对进行操作。

```
const map = new Map()

// 添加键值对
map.set('foo', 'Hello')
map.set('bar', 'World')
map.set('bar', 'ES2015') //=> 此处的值 ES2015 将覆盖之前加入的值 World

// 删除键值对
map.delete('foo')

// 清空映射对象
map.clear()
```

3.7.3.3　获取键值对

与集合对象不一样的是，集合对象中的元素没有用于标示元素位置的标志，故没有办法获取到集合内的某一元素，但映射对象由键值对组成，所以可以利用键来获取相应的值。

```
const map = new Map()

map.set('foo', 'bar')

console.log(map.get('foo')) //=> bar
```

3.7.3.4　检查映射对象中的键值对

如果在一个映射对象中获取一个不存在的键，则会返回 undefined，这有可能会影响到业务逻辑的正常使用。映射对象可以通过 has(key)方法来检查其中是否包含某一个键值对，补充相应的应对方案，以防因为不存在的键值对而导致业务逻辑崩溃。

```
const map = new Map([ 'foo', 1 ])

console.log(map.has('foo')) //=> true
console.log(map.has('bar')) //=> false
```

3.7.3.5　历遍映射对象中的键值对

就如上文所说到的，映射对象是关联数组的一种实现，所以映射对象在设计上也同样是一种可迭代对象，可以通过 for-of 循环语句对其中的键值对进行历遍。当然也可以使用已实现在映射对象中的 forEach 方法来进行历遍。

映射对象带有 entries()方法，这个与集合对象中的 entries()类似，用于返回一个包含所有键值对的可迭代对象，而 for-of 循环语句和 forEach 便是先利用 entries()方法先将映射对象转换为一个类数组对象，然后再进行迭代。

```
const map = new Map([ [ 'foo', 1 ], [ 'bar', 2 ] ])

console.log(Array.from(map.entries())) //=> [ [ 'foo', 1 ], [ 'bar', 2 ] ]

for (const [ key, value ] of map) {
  console.log(`${key}: ${value}`)
}
//=>
//  foo: 1
//  bar: 2

map.forEach((value, key, map) => {
  console.log(`${key}: ${value}`)
})
```

3.7.3.6　映射对象与 Object 的区别

说了这么多映射对象的使用方法，那么它究竟与以前的 `Object` 有什么区别呢？这些差异又对映射对象的实际使用有什么意义呢？具体区别见表 3.7。

表 3.7　映射对象与普通对象的区别

	映射对象 Map	普通对象 Object
存储键值对	√	√
历遍所有键值对	√	√
检查是否包含指定键值对	√	√
使用字符串（String）作为键	√	√
使用 Symbol 作为键	√	√
使用任意对象作为键	√	
可以方便地得知键值对的数量	√	

从表中，我们可以看出映射对象可以使用任意对象作为键，而普通的对象却不行。这在实际使用中表现为一个非常突出的痛点——需要以一个现有对象（如 DOM 对象）作为键时，`Object` 显得有些力不从心。

除了语法和实现层面上的区别外，映射对象和普通对象的区别还体现在 JSON 的序列化结果中。`Object` 的 JSON 序列化结果是标准的对象字面量形式，而映射对象的 JSON 处理结果则是以**关联数组**的形式表达。这种序列化结果的意义在于可以在通过网络等方式传输了结果后，再通过 `JSON.parse` 方法直接将解释结果传入 `Map` 构造函数中，来得到正确的映射对象。

```
const map = new Map()
map.set('foo', 1)
map.set('bar', 2)

const str = JSON.stringify(map)
console.log(str) //=> [["foo",1],["bar",2]]

//... data transport

const otherMap = new Map(JSON.parse(str))
console.log(map.get('bar')) //=> 2
```

3.7.4　WeakMap

与集合对象类型（`Set`）一样，映射类型也有一个 `Weak` 版本——`WeakMap`。而 WeakMap

和 WeakSet 很类似，只不过 WeakMap 的键会检查变量引用，只要其中任意一个引用全被解除，该键值对就会被删除。

```
// Syntax: new WeakMap([iterable]) : WeakMap

const weakm = new WeakMap()
let keyObject = { id: 1 }
const valObject = { score: 100 }

weakm.set(keyObject, valObject)
weakm.get(keyObject) //=> { score: 100 }
keyObject = null
console.log(weakm.has(keyObject)) //=> false
```

3.8 类语法（Classes）

许多人在刚开始学习 JavaScript 的时候一定会从各种教材中得知，这门语言与其他许多的编程语言不一样，JavaScript 是没有原生类机制的，但在应用开发中却一直离不开类的使用。所以开发者们便从 ECMAScript 的其他地方挖掘出被**“隐藏”**起来的类系统。

在 ES2015 标准中的类系统被提出之前，JavaScript 世界实际上早已有一套虽然简陋但却成熟的类机制，即利用函数原型来实现类系统。

```
function Animal(family, specie, hue) {
  this.family = family
  this.specie = specie
  this.hue = hue
}
Animal.prototype.yell = function() {
  console.log(this.hue)
}

var doge = new Animal('Canidae', 'Canis lupus', 'Woug')
doge.yell() //=> Woug
```

就连统治前端开发领域多年的开发框架 jQuery[8]，其中的 `jQuery` 也是一个类的实现，所有通过 jQuery 获得的元素对象都是一个 `jQuery` 类的实例。再往后如 Backbone[9]、Vue、React 等优秀的开发框架都基于类的使用来为使用者提供各种接口和实用方法。

---

[8]http://jquery.com/

[9]http://backbonejs.org/

越来越多的实例证明，ECMAScript 需要一个原生的、标准的类机制，以供开发者应对越来越复杂的开发需求。同时也可以用类系统优化业务代码的结构，使业务代码具有更高的可维护性、可用性和可扩展性。

3.8.1　使用语法

ES2015 中的类语法与其他 C 语言家族成员的类语法有许多相同之处，如果开发者有在 JavaScript 中使用过基于原型的类机制，那么也可以很容易接受 ES2015 的语法。

3.8.1.1　基本定义语法

```
// Syntax: class name { ... }

class Animal {
  constructor(family, specie, hue) {
    this.family = family
    this.specie = specie
    this.hue = hue
  }

  yell() {
    console.log(this.hue)
  }
}

const doge = new Animal('Canidae', 'Canis lupus', 'Woug')
doge.yell() //=> Woug
```

在 ES2015 的类语法中，原本的构造函数被类的 `constructor` 方法代替，而其余原本需要定义在 `prototype` 中的方法则可以直接定义在 `class` 内。

这里需要注意的是，在类中定义的方法，都是带有作用域的普通函数，而不是箭头函数，方法内第一层所引用的 `this` 都指向当前实例，如果实例方法内包含箭头函数，则引擎就会根据包含层级把箭头函数内引用的 `this` 所指向的实际对象一直向上层搜索，直到到达一个函数作用域或块级作用域为止。如果一直搜索到达了运行环境的最上层，就会被指向 `undefined`。此处内容请参见 3.1 节。

```
class Point {
  constructor(x, y) {
    this.x = x
    this.y = y
  }
```

```
  moveRight(step) {
    return new Promise(resolve => resolve({
      x: this.x + step,
      y: this.y
    }))
  }
}

const p = new Point(2, 5)
p.moveRight(3)
  .then(({ x, y }) => console.log(`(${x}, ${y})`)) //=> (5, 5)
```

3.8.1.2　继承语法

在许多 JavaScript 经典教材中，都有提到多种在 JavaScript 中利用对象原型所实现的类机制要如何做到类的继承。其中有好几种方法，比如组合继承、原型式继承、寄生式继承和寄生组合式继承，而 Node.js 的官方标准库中也提供了一种继承方式。

```
import { inherits } from 'util'

function Point2D(x, y) {
  this.x = x
  this.y = y
}
Point2D.prototype.toString = function() {
  return `(${this.x}, ${this.y})`
}

function Point3D(x, y, z) {
  Point3D.super_.call(this, x, y)
  this.z = z
}
inherits(Point3D, Point2D)
Point3D.prototype.toString = function() {
  return `(${this.x}, ${this.y}, ${this.z})`
}

const point2d = new Point2D(2, 3)
const point3d = new Point3D(1, 4, 3)

console.log(point2d.toString()) //=> (2, 3)
console.log(point3d.toString()) //=> (1, 4, 3)
```

开发者需要注意的是，Node.js 标准库 `util` 中所提供的 `inherits` 继承方法每一次被使用都需要在子类的新方法被定义之前，即子类的 `prototype` 对象被修改之前，否则子类中所定义的方法会全部失效，因为 `inherits` 方法会将子类的 `prototype` 覆盖，导致子类在调用 `inherits` 方法之前的所有原型定义都会被覆盖。

而 ES2015 中的类继承方法就相对要简单许多，开发者只需关心语法即可。

```
// Syntax: class SubClass extends SuperClass {}

class Point2D {
  constructor(x, y) {
    this.x = x
    this.y = y
  }

  toString() {
    return `(${this.x}, ${this.y})`
  }
}

class Point3D extends Point2D {
  constructor(x, y, z) {
    super(x, y)
    this.x = x
  }

  toString() {
    return `(${this.x}, ${this.y}, ${this.z})`
  }
}
```

非常方便的是，ES2015 的继承语法同样可以将以前使用构建函数模拟的类作为父类来继承，而并非只由 `class` 语法定义的类才可以使用。

```
function Cat() {}
Cat.prototype.climb = function() {
  return "I can climb"
}
Cat.prototype.yell = function() {
  return "Meow"
}

class Tiger extends Cat {
  yell() {
    return "Aoh"
  }
}

const tiger = new Tiger()
console.log(tiger.yell())  //=> Aoh
console.log(tiger.climb()) //=> I can climb
```

这里需要非常注意的是，如果一个子类继承了一个父类，那么在子类的 `constructor` 构造函数中必须使用 super 函数调用父类的构造函数后才能在子类的 constructor 构造函数中使用 this，否则会报出 this is not defined 的错误。

```
class Foo {
}

class Bar extends Foo {
  constructor() {
    this.property = 1
  }
}

new Bar() //=> ReferenceError: this is not defined
```

> 这个问题在除 constructor 构造函数以外的方法中并不会出现，即便在子类的构造函数中并没有调用 super 函数，在其他方法中依然可以调用 this 来指向当前实例。

3.8.1.3　Getter/Setter

Getter/Setter 是一种元编程（Meta-programming）的概念，元编程的特点在于，允许程序可以对运行时（Runtime）的对象进行读取和操作，从而使程序可以脱离代码从字面上为程序定义的一些限制，有了对对象的更高操作权限。

比如需要实现一个计数器，而这个计数器自身需要提供一个**属性**，即在每一次引用的时候其值都会自动加一。如果没有 Getter/Setter 元编程的概念，这种需求是无法被实现的，只能依赖于正常的函数或方法。有了元编程的能力后，这个需求就可以按下面的方式实现。

```
const Counter = {
  _count: 0,
  get value() {
    return ++this._count
  }
}

console.log(Counter.value) //=> 1
console.log(Counter.value) //=> 2
console.log(Counter.value) //=> 3
```

配合 Setter 的使用，元编程可以发挥更强的实力。

```
const List = {
  _array: [],

  set new(value) {
    this._array.push(value)
```

```
  },

  get last() {
    return this._array[0]
  },

  get value() {
    return this._array
  }
}

List.new = 1
List.new = 2
List.new = 3
console.log(List.last)  //=> 1
console.log(List.value) //=> [1,2,3]
```

ES2015 的类机制同样支持 Getter/Setter 在类中的使用，配合元编程的概念，类的能力会变得更加强大。

```
class Point {
  constructor(x, y) {
    this.x = x
    this.y = y
  }

  get d() {
    // Euclidean distance: d = √(x^2 + y^2)
    return Math.sqrt(Math.pow(this.x, 2) + Math.pow(this.y, 2))
  }
}

const p = new Point(3, 4)
console.log(p.d) //=> 5
```

3.8.1.4　静态方法

在大多数使用类的情况下，只需要关心类的实例方法即可，但是有的时候同样需要为类对象本身定义一些方法，以满足一些特殊的需求，比如类型检测（`Array.isArray()`）、实例创建方法（`Object.create`、`Array.from`）等。

就比如本节开头所举的例子 `Animal`，这个类的构造函数带有三个参数，实际开发中需要定义其子类以实现一些参数固化，那么便可以通过实现一个静态方法来使 `Animal` 被拓展。

```
// Syntax: class Name { static fn() { ... } }

class Animal {
```

```
  constructor(family, specie, hue) {
    this.family = family
    this.specie = specie
    this.hue = hue
  }

  yell() {
    console.log(this.hue)
  }

  static extend(constructor, ..._args) {
    return class extends Animal {
      constructor(...args) {
        super(..._args)
        constructor.call(this, ...args)
      }
    }
  }
}

const Dog = Animal.extend(function(name) {
  this.name = name
}, 'Canidae', 'Canis lupus', 'Woug')

const doge = new Dog('Doge')
doge.yell() //=> Woug
console.log(doge.name) //=> Doge
```

静态方法 extend 先定义了一个继承于 Animal 的子类，并在该子类的构建函数中将 extend 方法的后续参数作为形参传入 super（Animal 的构建函数）中，以实现参数固化。

静态方法还可以与 Getter/Setter 相配合，来为类自身提供元编程能力。假设有一个需求如下：定义一个 Node 类，每一个 Node 实例之间可以建立从属关系（或父子关系），且每一个 Node 实例下方可以带有多个 Node 子实例，而 Node 类自身可以检索到所有实例的数量。

先为单节点的基本构建做准备，每一个 Node 实例都带有两个属性，一个用于保存当前节点的父节点（非必须），一个用于存储当前节点的子节点的集合对象。

```
class Node {
  constructor(parent = null) {
    this.__parent = parent
    this.__children = new Set()
  }
}
```

若要知道每一个节点是否为一个节点树的根节点时，可以通过设置一个 Getter，并根据当前节点是否带有父节点来判断。

```
get isRoot() {
  return !this.__parent
}
```

这些根节点也是需要存储在 Node 类自身中的，可以通过一个静态方法来把这些根节点存储起来。

```
static addRoot(root) {
  Node.roots = !Node.roots ? [ root ] : Node.roots.concat([ root ])
}
constructor(parent = null) {
  this.__parent = parent
  this.__children = new Set()

  if (this.isRoot) {
    Node.addRoot(this)
  }
}
```

接下来需要给 Node 类增加一个方法，用于为当前节点添加子节点，并将这个子节点返回。同样地，我们也可以为节点添加一个用于删除当前节点的方法，如果这个节点带有子节点，那么这些子节点也将同时被全部移除。

```
createChild() {
  const node = new Node(this)
  this.__children.add(node)

  return node
}

removeFromParent() {
  this.__parent.__children.delete(this)
  this.__parent = null
}
```

到这里，就需要开始为每一个实例实现一个计算包括自身在内所有向下子节点数量的方法，而这个方法可以通过树形递归来实现，父节点的该属性会访问子节点的同一属性，从而实现自动求和。

```
get size() {
  let size = 0
  for (const node of this.__children)
    size += node.size
  }
```

```
  size = size ? size + 1 : 1

  return size
}
```

通过对所有根节点求和，得到所有节点的数量。

```
static get size() {
  return Node.roots
    .map(root => root.size)
    .reduce((a, b) => a + b)
}
```

最后，就得到了完整的 Node 类。

```
class Node {
  constructor(parent = null) {
    this.__parent = parent
    this.__children = new Set()

    if (this.isRoot) {
      Node.addRoot(this)
    }
  }

  get isRoot() {
    return !this.__parent
  }

  createChild() {
    const node = new Node(this)
    this.__children.add(node)

    return node
  }

  removeFromParent() {
    this.__parent.__children.delete(this)
    this.__parent = null
  }

  get size() {
    let size = 0
    for (const node of this.__children) {
      size += node.size
    }

    size = size ? size + 1 : 1
```

```
    return size
  }

  static addRoot(root) {
    Node.roots = !Node.roots ? [ root ] : Node.roots.concat([ root ])
  }

  static get size() {
    return Node.roots
      .map(root => root.size)
      .reduce((a, b) => a + b)
  }
}
```

通过对这个类的测试，表面上已经实现了需求。

```
const root1 = new Node()
root1.createChild().createChild()

const root2 = new Node()
root2.createChild()

console.log(root1.size) //=> 3
console.log(root2.size) //=> 2
console.log(Node.size)  //=> 5
```

3.8.1.5 高级技巧

在 ECMAScript 中所有的对象都会带有一个名为 `toString()`的方法，而这个方法是被定义在 `Object` 这个最底层类上的[10]。

一般情况下，如果定义一个对象字面量并执行它的 `toString()`方法，可以观察到这个方法所返回的内容是这样的一个字符串。

```
[object Object]
```

如果使用自己定义的类来生成实例，就会返回以这个类名作为标签的返回值。前提是，这个类并没有覆盖 `toString()`方法。

```
class Foo {}
const obj = new Foo()

console.log(obj.toString()) //=> [object Foo]
```

在 `Object` 类及其所有的子类（在 ECMAScript 中，除了 `null`、`undefined` 以外，一切

[10]http://www.ecma-international.org/ecma-262/6.0/index.html#sec-object.prototype.tostring

类型和类都可以看作是 Object 的子类）的实例中，有一个利用 Symbol.toStringTag 作为键的属性，它定义着当这个对象的 toString() 方法被调用时，所返回的 Tag 的内容是什么。

既然知道了其中的原理，这就意味着我们可以进行一些自定义操作了。通过 [] 语法和 Getter 特性为一个类自定义 toString 标签，具体如下。

```
class Foo {
  get [Symbol.toStringTag]() {
    return 'Bar'
  }
}

const obj = new Foo()
console.log(obj.toString()) //=> [object Bar]
```

这一特性在后面的章节中会使用到。

3.8.2 注意事项

虽然说 ES2015 中的类语法可以与以前的原型一起使用，但是它们之前也是有一定区别的。

函数在 ECMAScript 中有两种定义方法，即声明式和定义式。

```
// 声明式
function Foo() {}

// 定义式
const Bar = function() {}
```

而声明式的函数定义在 ECMAScript 的运行中是可以被提升（hoisting）的，即在声明式函数所在的作用域开始执行时，无论是否已经执行到这个函数的代码，都可以对这个函数进行访问和使用。而这个函数的提升甚至包括定义在 return 语句之后的情况。

```
const val = (function() {
  return fn()

  function fn() { // fn would be hoisted
    return 'foobar'
  }
})()

console.log(val) //=> foobar
```

这个特性同样适用于利用原型定义的类。然而对于 ES2015 中类语法来说，这个特性是无法使用的。

```
const point = new Point(1, 2) // ReferenceError

class Point {
  constructor(x = 0, y = 0) {
    this.x = x
    this.y = y
  }
}
```

这是因为从逻辑角度上看，类的继承必须是单向的，不可能出现 A 类继承于 B 类的同时 B 类也继承 A 类的现象，这就意味着，父类必须在子类定义之前被定义。

```
class Point {
  constructor(x = 0, y = 0) {
    this.x = x
    this.y = y
  }
}

class Point3D extends Point {
  constructor(x = 0, y = 0, z = 0) {
    super(x, y)
    this.z = z
  }
}
```

3.8.3　遗憾与期望

虽然 ES2015 标准已经成为正式的标准文档，但是以目前 ES2015 的类语法来说，还有许多值得改进的地方：

- 不支持私有属性（private）。
- 不支持实例属性，但目前可以通过 Getter/Setter 实现。
- 不支持多重继承。
- 暂时没有类似于协议（Protocl）和接口（Interface）等的概念。

其中实例属性原本是 ES7（ES2016）中的提案特性，在本书出版之前，就已经确认并不会出现在 ES7 标准中。

比较中肯地说，目前 ES2015 中的类语法依然有待加强，但从实际开发角度看，它是可以应用到许多实际业务中的。我们也可以像以前一样，不断尝试新的方法，促进 ECMAScript 标准的发展。

3.9 生成器（Generator）

生成器（Generator）可以说是在 ES2015 中最为强悍的一个新特性，因为生成器是涉及 ECMAScript 引擎运行底层的特性，可以实现一些从前无法想象的事情。

3.9.1 由来

生成器第一次出现在 CLU[11]语言中。CLU 语言是由美国麻省理工大学的 Barbara Liskov 教授和她的学生们在 1974 年至 1975 年间所设计和开发出来的，这门语言虽然古老，但是却提出了很多如今被广泛使用的编程语言特性，生成器便是其中的一个。

在 CLU 语言之后出现的 Icon 语言[12]、Python 语言、C#语言[13]和 Ruby 语言[14]等，都受到 CLU 语言的影响，实现了生成器的特性。生成器在 CLU 语言和 C#语言中被称为迭代器（Iterator），而在 Ruby 语言中被称为枚举器（Enumerator）。

然而无论被称为什么，它被赋予的能力都是相同的。生成器的主要功能是：通过一段程序，持续迭代或枚举出符合某个公式或算法的有序数列中的元素。这个程序便是用于实现这个公式或算法的，而不需要将目标数列完整写出。

我们来举一个简单的例子，斐波那契数列是非常著名的一个理论数学基础数列，它的前两项是 0 和 1，从第三项开始所有的元素都遵循如下公式。

$$F_n = F_{n-1} + F_{n-2} \quad (n \geqslant 3)$$

那么，根据公式编写程序并实现如下。

```
const fibonacci = [ 0, 1 ]
const n = 10

for (let i = 2; i < n - 1; ++i) {
  fibonacci.push(fibonacci[i - 1] + fibonacci[i - 2])
```

[11]http://www.pmg.lcs.mit.edu/CLU.html

[12]http://www.cs.arizona.edu/icon

[13]http://msdn.microsoft.com/pt-br/vcsharp/default.aspx

[14]http://www.ruby-lang.org

```
}
console.log(fibonacci) //=> [0, 1, 1, 2, 3, 5, 8, 13, 21]
```

但是这种情况下只能确定一个数量来取得相应的数列，若要按需获取元素，那就可以利用生成器来实现了。

```
function* fibo() {
  let a = 0
  let b = 1

  yield a
  yield b

  while (true) {
    let next = a + b
    a = b
    b = next
    yield next
  }
}

let generator = fibo()

for (var i = 0; i < 10; i++)
  console.log(generator.next().value) //=> 0 1 1 2 3 5 8 13 21 34 55
```

你一定会对这段代码感到很奇怪，为什么 `function` 语句后会有一个“*”？为什么函数里使用了 `while (true)` 却没有因为进入死循环而导致程序卡死？而这个 `yield` 又是什么语句？

不必着急，我们一一道来。

3.9.2　基本概念

生成器是 ES2015 中同时包含语法和底层支持的一个新特性，其中有几个相关概念需要事先了解。

3.9.2.1　生成器函数（Generator Function）

生成器函数是 ES2015 中生成器的最主要表现方式，它与普通函数的语法差别在于，在 `function` 语句之后和函数名之前，有一个“*”作为生成器函数的标示符。

```
function* fibo() {
  // ...
}
```

生成器函数并不是强制性使用声明式进行定义的，与普通函数一样也可以使用表达式进行定义。

```
const fnName = function*() { /* ... */ }
```

生成器函数的函数体内容将会是所生成的生成器的执行内容，在这些内容之中，yield 语句的引入使得生成器函数与普通函数有了区别。yield 语句的作用与 return 语句有些相似，但并非退出函数体，而是**切出当前函数的运行时**（此处为一个类协程，Semi-coroutine），与此同时可以将一个值（可以是任何类型）带到主线程中。

我们以一个比较形象的例子来做比喻，你可以把整个生成器运行时看成一条长长的瑞士卷，while (true)是无限长的，ECMAScript 引擎每一次遇到 yield 语句时，就好比在瑞士卷上切一刀，而切面所呈现的“纹路”则是 yield 语句所得的值，如图 3.8 所示。

图 3.8　瑞士卷

3.9.2.2　生成器（Generator）

从计算机科学角度上看，生成器是一种类协程或半协程（Semi-coroutine），它提供了一种可以通过特定语句或方法使其执行对象（Execution）暂停的功能，而这语句一般都是 yield 语句。上面的斐波那契数列生成器便是通过 yield 语句将每一次的公式计算结果切出执行对象，并带到主线程上来的。

在 ES2015 中，yield 语句可以将一个值带出协程，而主线程也可以通过生成器对象的方法将一个值带回生成器的执行对象中去。

```
const inputValue = yield outputValue
```

生成器切出执行对象并带出 outputValue，主线程经过同步或异步处理后，通过.next(val)方法将 inputValue 带回生成器的执行对象中。

3.9.3 使用方法

在了解了生成器的背景知识后，我们就可以看看在 ES2015 中要如何使用这个新特性。

3.9.3.1 构建生成器函数

使用生成器的第一步自然是要构建一个生成器函数，以生成相对应的生成器对象。假设我们需要按照下面这个公式（此处我们暂不作公式化简）来生成一个数列，并以生成器作为构建基础。

$$a_1 = 2, \quad a_n = \frac{a_{n-1}}{2a_{n-1} + 1} \quad (n \geqslant 2)$$

为了使生成器能够根据公式不断输出数列元素，我们与上面的斐波那契数列实例一样，使用 while (true)循环以保持程序的不断执行。

```
function* genFn() {
  let a = 2

  yield a

  while (true) {
    yield a = a / (2 * a + 1)
  }
}
```

在定义首项为 2 之后，首先将首项通过 yield 作为第一个值切出，其后通过循环和公式将每一项输出。

3.9.3.2 启动生成器

生成器函数不能直接作为普通的函数来使用，因为在调用时无法直接执行其中的逻辑代码。执行生成器函数会返回一个生成器对象，用于运行生成器内容和接受其中的值。

```
const gen = genFn()
```

生成器是通过生成器函数实现的一个生成器（类）实例，我们可以简单地用一段伪代码来说明生成器这个类的基本内容和用法，具体对应关系如表 3.8 所示。

```
class Generator {
  next(value)
  throw(error)
  [@@iterator]()
}
```

表 3.8 生成器类语法与内容

操作方法（语法）	方法内容
generator.next(value)	获取下一个生成器切出状态（第一次执行时为第一个切出状态）
generator.throw(error)	向当前生成器执行对象抛出一个错误，并终止生成器的运行
generator[@@iterator]	@@iterator 即 Symbol.iterator，为生成器提供实现可迭代对象的方法。使其可以直接被 for-of 循环语句使用

其中.next(value)方法会返回一个状态对象，包含当前生成器的运行状态和所返回的值。

```
{
  value: Any,
  done: Boolean
}
```

生成器执行对象会不断检查生成器的状态，一旦遇到生成器内的最后一个 yield 语句或第一个 return 语句便进入终止状态，即状态对象中的 done 属性会从 false 变为 true。

而.throw(error)方法会提前让生成器进入终止状态，并将 error 作为错误抛出。

3.9.3.3 运行生成器内容

因为生成器对象自身也是一种可迭代对象，所以我们直接使用 for-of 循环将其中输出的值打印出来。

```
for (const a of gen) {
  if (a < 1/100) break

  console.log(a)
}
//=>
//  2
//  0.4
//  0.2222222222
//  ...
```

3.9.4 深入理解

3.9.4.1 运行模式

为了能更好地理解生成器内部的运行模式，我们将上面的例子以流程图的形式展示出来，如图 3.9 所示。

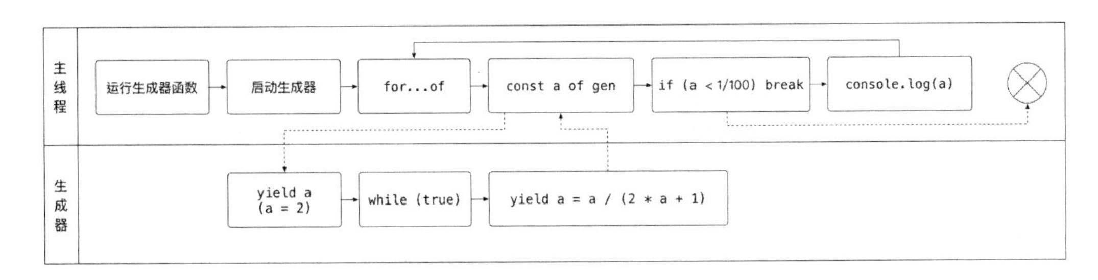

图 3.9　图解 Generator

生成器是一种可以被暂停的运行时，在这个例子中，每一次执行 `yield` 都会将当前生成器执行对象暂停并输出一个值到主线程。这在生成器内部的代码上是不需要过多体现的，只需要清楚 `yield` 语句是暂停的标志及其作用即可。

3.9.4.2 生成器函数以及生成器对象的检测

事实上 ES2015 的生成器函数也是一种构造函数或类，开发者定义的每一个生成器函数都可以看作对应生成器的类，而所产生的生成器都是这些类的派生实例。

在很多基于类（或原型）的库中，我们经常可以看到如下的代码。

```
function Point(x, y) {
  if (!(this instanceof Point)) return new Point(x, y)
  // ...
}

const p1 = new Point(1, 2)
const p2 = Point(2, 3)
```

这一句代码的作用是为了避免开发者在创建某一个类的实例时没有使用 `new` 语句而出现错误。ECMAScript 内部中的绝大部分类型构造函数（不包括 `Map` 和 `Set` 及它们的 `Weak` 版本）都带有这种特性。

```
String()  //=> ""
Number()  //=> 0
Boolean() //=> false
Object()  //=> Object {}
```

```
Array()    //=> []
Date()     //=> the current time
RegExp()   //=> /(?:)/
```

在代码风格检查工具 ESLint 中有一个名为 no-new 的可选特性，即相比使用 new，更倾向于使用直接调用构造函数来创建实例。

那么同样地，生成器函数也支持这种特性，互联网上的大多数文献都使用了直接执行的方法创建生成器实例。如果我们尝试嗅探生成器函数和生成器实例的原型，可以得到如下信息。

```
function* genFn() {}
const gen = genFn()

console.log(genFn.constructor.prototype) //=> GeneratorFunction
console.log(gen.constructor.prototype)   //=> Generator
```

这样我们便可知，可以通过使用 instanceof 语句来得知一个生成器实例是否为一个生成器函数所对应的实例。

```
console.log(gen instanceof genFn) //=> true
```

十分可惜的是，目前原生支持生成器的主流 JavaScript 引擎（如 Google V8、Mozilla SpiderMonkey）并没有将 GeneratorFunction 和 Generator 类暴露出来。这就意味着没办法简单使用 instanceof 来判定一个对象是否是生成器函数或生成器实例。如果你确实希望检测一个未知的对象是否为一个生成器函数或者生成器实例，也可以通过一些取巧的办法。

对于原生支持生成器的运行环境来说，生成器函数自身带有一个 constructor 属性指向并没有被暴露出来的 GeneratorFunction。那么就可以利用一个已知的生成器函数的 constructor 来检验一个函数是否为生成器函数。

```
function isGeneratorFunction(fn) {
  const genFn = (function*(){}).constructor

  return fn instanceof genFn
}

function* genFn() {
  let a = 2

  yield a

  while (true) {
    yield a = a / (2 * a + 1)
  }
}
```

```
console.log(isGeneratorFunction(genFn)) //=> true
```

相对于生成器函数，生成器实例的检测更为困难。因为无法通过已知生成器实例自身的属性来获取被运行引擎所隐藏起来的 Generator 构造函数，所以无法直接用 instanceof 语句来进行类型检测，也就是说需要利用别的方法来实现这个需求。

在前面的章节中，我们介绍到，在 ECMAScript 中每一个对象都会有一个 toString() 方法的实现以及其中一部分有 Symbol.toStringTag 作为属性键的属性，用于输出一个为了填补引用对象无法被直接序列化的字符串。而这个字符串是可以间接地探测出这个对象的构造函数名称的，即带有直接关系的类。

那么对于生成器对象来说，与它有直接关系的类除了其对应的生成器函数以外，便是被隐藏起来的 Generator 类了。而生成器对象的@@toStringTag 属性也是 Generator，这样我们就有了实现的思路。在著名的 JavaScript 工具类库 LoDash 的类型检测中，正式使用了这种方法（包括但不限于）来对未知对象进行类型检查，我们也可以试着使用这种手段。

```
function isGenerator(obj) {
  return obj.toString ? obj.toString() === '[object Generator]' : false
}

function* genFn() {}
const gen = genFn()

console.log(isGenerator(gen)) //=> true
console.log(isGenerator({})) //=> false
```

另一方面，我们既然已经知道了生成器实例必定带有@@toStringTag 属性，其值也必定为 Generator，那么便可以通过这个来检测位置对象是否为生成器实例。

```
function isGenerator(obj) {
  if (Symbol && Symbol.toStringTag) {
    return obj[Symbol.toStringTag] === 'Generator'
  } else if (obj.toString) {
    return  obj.toString() === '[object Generator]'
  }

  return false
}

console.log(isGenerator(gen)) //=> true
console.log(isGenerator({})) //=> false
```

此处为了防止因为运行环境不支持 Symbol 或@@toStringTag 而产生报错，需要先做兼容性检测以完成兼容降级。

回过头来再看看生成器函数，是否也可以使用@@toStringTag 属性来对生成器函数进行类型检测呢？在一个同时支持生成器和@@toStringTag 的运行环境中运行下面这段代码。

```
function* genFn() {}

console.log(genFn[Symbol.toStringTag]) //=> GeneratorFunction
```

这显然是可行的，那么我们就来将前面的 isGeneratorFunction 方法进行优化。

```
function isGeneratorFunction(fn) {
  return fn[Symbol && Symbol.toStringTag ? Symbol.toStringTag : false] ===
'GeneratorFunction'
}

console.log(isGeneratorFunction(genFn)) //=> true
```

而当运行环境不支持@@toStringTag 时也可以通过 instanceof 语句来进行检测。

```
function isGeneratorFunction(fn) {
  // If the current engine supports Symbol and @@toStringTag
  if (Symbol && Symbol.toStringTag) {
    return fn[Symbol.toStringTag] === 'GeneratorFunction'
  }

  // Using instanceof statement for detecting
  const genFn = (function*(){}).constructor

  return fn instanceof genFn
}

console.log(isGeneratorFunction(genFn)) //=> true
```

3.9.4.3　生成器嵌套

虽然说到现在为止，我们所举出的生成器例子都是单一生成器进行使用。但是在实际开发中，同样会遇到一个生成器嵌套在另一个生成器内的情况，就比如数学中的分段函数或嵌套的数组公式等。

假设有如下所示的一个分段函数，我们需要对其进行积分计算。

$$f(x)=\begin{cases}x^2, & x<0\\ \sin x & x\geqslant 0\end{cases}$$

$$s=\int_{-2}^{2} f(x)\,\mathrm{d}x$$

分别对分段函数的各段进行积分，以便编写程序实现。

$$s = \begin{cases} \lim\limits_{u \to 0^-} \int_{-2}^{u} x^2 \mathrm{d}x, & (x < 0) \\ \int_{-2}^{2} \sin x \mathrm{d}x & (x \geqslant 0) \end{cases}$$

此处可以在分段函数的两个部分中分别建立生成器函数并使用牛顿-科特斯公式[15]（Newton-Cotes formulas）来进行积分计算。

```
// Newton-Cotes formulas
function* newton_cotes(f, a, b, n) {
  const gaps = (b - a) / n
  const h = gaps / 2

  for (var i = 0; i < n; i++) {
    yield h / 45 *
      (7 * f(a + i * gaps) +
      32 * f(a + i * gaps + 0.25 * gaps) +
      12 * f(a + i * gaps + 0.5 * gaps) +
      32 * f(a + i * gaps + 0.75 * gaps) +
      7 * f(a + (i + 1) * gaps))
  }
}
```

在编写两个分段部分的生成器之前，我们需要先引入一个新语法 `yield*`。它与 `yield` 的区别在于，`yield*`的功能是将一个生成器对象嵌套在另一个生成器内，并将其展开。我们以一个简单的例子进行说明。

```
function* foo() {
  yield 1
  yield 2
}

function* bar() {
  yield* foo()
  yield 3
  yield 4
}

for (const n of bar()) console.log(n)
//=>
```

[15] https://en.wikipedia.org/wiki/Newton%E2%80%93Cotes_formulas

```
// 1
// 2
// 3
// 4
```

利用 yield*语句我们就可以将生成器进行嵌套和组合，使不同的生成器所输出的值可以被同一个生成器连续输出。

```
function* Part1(n) {
  yield* newton_cotes(x => Math.pow(x, 2), -2, 0, n)
}

function* Part2(n) {
  yield* newton_cotes(x => Math.sin(x), 0, 2, n)
}

function* sum() {
  const n = 100

  yield* Part1(n)
  yield* Part2(n)
}
```

最终将 sum()生成器的所有输出值相加即可。

3.9.4.4 生成器与协程

从运行机制的角度上看，生成器拥有暂停运行时的能力，那么生成器的运用是否只限于生成数据呢？在上文中，我们提到生成器是一种类协程，协程自身是可以通过生成器的特性来进行模拟的。

在现代 JavaScript 应用开发中，我们经常会使用到异步操作（如在 Node.js 开发中绝大部分使用到的 IO 操作都是异步的）。但是当异步操作的层级过深时，就可能会出现回调地狱（Callback Hell）的情况。

```
io1((err, res1) => {
  io2(res1, (err, res2) => {
    io3(res2, (err, res3) => {
      io4(res3, (err, res4) => {
        io5(res5, (err, res5) => {
          // ......
        })
      })
    })
  })
})
```

显然这样很不适合用于真正复杂的开发场景中，那我们究竟要如何进行优化呢？我们知道 yield 语句可以将一个值带出生成器执行环境，而这个值可以是任何类型的值，这就意味着我们可以利用这一特性做一些有意思的事情。

我们回过头来看看生成器对象的操作方法，生成器执行对象的暂停状态可以用.next(value)方法恢复，这个方法是可以被异步执行的。这就说明如果我们将异步 IO 的操作通过 yield 语句来从生成器执行对象带到主线程中，在主线程中完成后再通过.next(value)方法将执行结果带回到生成器执行对象中，这一流程在生成器的代码中是可以以同步的写法完成的。

有了具体思路后，我们先以一个简单的例子来实现。为了实现以生成器作为逻辑执行主体，把异步方法带到主线程去，就要先将异步函数做一层包装，使得其可以在带出生成器执行对象之后再执行。这样我们就可以在生成器内使用这个异步方法了。

```
// Before
function echo(content, callback) {
  callback(null, content)
}

// After
function echo(content) {
  return callback => {
    callback(null, content)
  }
}
```

但是还不足够，将方法带出生成器执行对象后，还需要在主线程将带出的函数执行才可实现应有的需求。上面我们通过封装所得到的异步方法在生成器内部执行后，可以通过 yield 语句将内层的函数带到主线程中。这样就可以在主线程中执行这个函数并得到返回值，然后将其返回到生成器执行对象中。

```
function run(genFn) {
  const gen = genFn()

  const next = value => {
    const ret = gen.next(value)
    if (ret.done) return

    ret.value((err, val) => {
      if (err) return console.error(err)

      // Loop
      next(val)
```

```
    })
  }

  // First call
  next()
}
```

通过这个运行工具，我们便可以将生成器函数作为逻辑的运行载体，从而将之前多层嵌套的异步操作全部扁平化。

```
run(function*() {
  const msg1 = yield echo('Hello')
  const msg2 = yield echo(`${msg1} World`)

  console.log(msg2) //=> Hello World
})
```

通过简单的封装，我们已经尝到了一些甜头，那么进一步增强之后又会产生什么有趣的东西呢？Node.js 社区中有一个第三方库名为 co，意为 coroutine，这个库的意义在于利用生成器来模拟协程，而我们这里介绍的就是其中的一部分。co 的功能更为丰富，可以直接使用 Promise 封装工具，如果异步方法有自带的 Promise 接口，就无须再次封装。此外 co 还可以直接实现生成器的嵌套调用，也就是说可以通过 co 来实现逻辑代码的全部同步化开发。

```
import co from 'co'
import { promisify } from 'bluebird'
import fs from 'fs'
import path from 'path'

const filepath = path.resolve(process.cwd(), './data.txt')
const defaultData = new Buffer('Hello World')

co(function*() {
  const exists = yield promisify(fs.exists)(filepath)

  if (exists) {
    const data = yield promisify(fs.readFile)(filepath)
    // ...
  } else {
    yield promisify(fs.writeFile)(filepath, defaultData)
    // ...
  }
})
```

3.10 Promise

在实际的 JavaScript 开发中，我们需要使用到很多的异步开发。浏览器中的动画效果、服务器或桌面端的 IO 操作等，这些都是靠异步实现的，即这些东西都无法直接使用同步开发的概念来实现。如果我们需要在页面中使用 JavaScript 实现一系列的动画效果，那么每一个动画效果都要靠异步完成。当每一个动画效果完成后，就会通过一个回调函数通知逻辑代码，该动画效果完成了。为了实现动画效果的顺序展示，我们需要把这些动画效果的方法通过回调函数"串"起来。

```
animate1(() => {
  animate2(() => {
    animate3(() => {
      animate4(() => {
        // ...
      })
    })
  })
})
```

这时候你的设计师告诉你，动画效果的顺序需要有所变动，而你却发现动画与动画之间还存在一些逻辑代码，一旦动画效果的顺序改动，这些逻辑代码也需要随着改变。而随着改动的次数多了，代码便会变得非常"不干净"。

后来有人提出了 Promise 概念，这个概念意在让异步代码变得非常干净和直观。

```
animate1()
  .then(() => animate2())
  .then(() => animate3())
  .then(() => animate4())
  .then(() => {
    // ...
  })
```

这个概念并不是 ES2015 首创的，在 ES2015 标准发布之前，早已有 Promise/A 和 Promise/A+ 等概念的出现，ES2015 中的 Promise 标准便源自于 Promise/A+。Promise 最大的目的在于可以让异步代码变得井然有序，就如我们需要在浏览器中访问一个以 JSON 作为返回格式的第三方 API，在数据下载完成后进行 JSON 解码，通过 Promise 来包装异步流程可以使代码变得非常干净整洁。

```
fetch('http://example.com/api/users/top')
  .then(res => res.json())
  .then(data => {
```

```
    // ...
  })
  // 处理错误
  .catch(err => console.error(err))
```

Promise 在设计上具有原子性，即只有三种状态：**等待**（Pending）、**成功**（Fulfilled）、**失败**（Rejected）。这让我们在调用支持 Promise 的异步方法时，逻辑变得非常简单，这在大规模的软件工程开发中具有良好的健壮性。

3.10.1 基本语法

3.10.1.1 创建 Promise 对象

要想给一个函数赋予 Promise 的能力，就要先创建一个 Promise 对象，并将其作为函数值返回。Promise 构造函数要求传入一个函数，并带有 `resolve` 和 `reject` 参数。这是两个用于结束 Promise 等待的函数，对应的状态分别为**成功**和**失败**。我们的逻辑代码就在这个函数中进行。

```
// Syntax:
//   new Promise(executor) : Promise
//   new Promise((resolve, reject) => statements) : Promise

function asyncMethod(...args) {
  return new Promise((resolve, reject) => {
    // ...
  })
}
```

将新创建的 Promise 对象作为异步方法的返回值，所有的状态就可以使用它所提供的方法进行控制了。

3.10.1.2 进行异步操作

创建了 Promise 对象后，就可以进行异步操作，并通过 `resolve(value)` 和 `reject(reason)` 方法来控制 Promise 的原子状态。

1. `resolve(value)` 方法控制的是当前 Promise 对象是否进入成功状态，一旦执行该方法并传入**有且只有一个**的返回值，Promise 便会从等待状态（Pending）进入成功状态（Fulfilled），Promise 也不会再接收任何状态的改变。

2. `reject(reason)` 方法控制的是当前 Promise 对象是否进入失败阶段，与 `resolve` 方法相同，一旦进入失败阶段就无法再改变。

```
// Syntax:
//   resolve(value)
```

```
//   reject(reason)

new Promise((resolve, reject) => {
  api.call('fetch-data', (err, data) => {
    if (err) return reject(err)

    resolve(data)
  })
})
```

其中在 Promise 的首层函数作用域中一旦出现 `throw` 语句，Promise 对象便会直接进入失败状态，并以 `throw` 语句的抛出值作为错误值进行错误处理。

```
(new Promise(function() {
  throw new Error('test')
}))
  .catch(err => console.error(err))
```

但是相对的 `return` 语句并不会使 Promise 对象进入成功状态，而会使 Promise 停留在等待状态。所以在 Promise 对象的执行器（executor）内需要谨慎使用 `return` 语句来控制代码流程。

3.10.1.3　处理 Promise 的状态

与 `resolve(value)` 和 `reject(reason)` 方法对应的是，Promise 对象有两个用于处理 Promise 对象状态变化的方法，如表 3.9 所示。

表 3.9　处理 Promise 对象状态变化的方法

方　　法	方法内容
`promise.then(onFulfilled[, onRejected])`	处理 Promise 对象的成功状态并接收返回值，也可以处理失败状态并处理失败的原因（可选）
`promise.catch(onRejected)`	处理 Promise 对象的失败状态并处理失败的原因

这两个方法都会返回一个 Promise 对象，Promise 对象的组合便会成为一个 Promise 对象链，呈流水线（Pipeline）的模式作业。

```
// Syntax: promise.then(onFulfilled).catch(onRejected) : Promise

asyncMethod()
  .then((...args) => args /* ... */ )
  .catch(err => console.error(err))
```

Promise 链式处理默认被实现，即 `.then(onFulfilled)` 或 `.catch (onRejected)` 会处理在 `onFulfilled` 和 `onRejected` 中所返回或抛出的值。

1. 如果 onFulfilled 或 onRejected 中所返回的值是一个 Promise 对象，则该 Promise 对象会被加入到 Promise 的处理链中。

2. 如果 onFulfilled 或 onRejected 中返回的值并不是一个 Promise 对象，则会返回一个已经进入成功状态的 Promise 对象。

3. 如果 onFulfilled 或 onRejected 中因为 throw 语句而抛出一个错误 err，则会返回一个已经进入失败状态的 Promise 对象。

之所以说 Promise 对象链呈流水线的模式进行作业，是因为在 Promise 对象对自身的 onFulfilled 和 onRejected 响应器的处理中，会对其中返回的 Promise 对象进行处理。其内部会将这个新的 Promise 对象加入到 Promise 对象链中，并将其暴露出来，使其继续接受新的 Promise 对象的加入。只有当 Promise 对象链中的上一个 Promise 对象进入成功或失败阶段，下一个 Promise 对象才会被激活，这就形成了流水线的作业模式。就好比上文中所举的动画效果串列的例子，我们可以利用 Promise 对象链的流水线的作业模式来实现动画的按序执行。

```
animate1()
  .then(() => animate2())
  .then(() => animate3())
  .then(() => animate4())
  .then(() => {
    // ...
  })
```

Promise 对象链还有一个十分实用的特性——Promise 对象的状态是具有传递性的。比如在上面这个动画效果队列中，一旦其中的某一个环节出现了错误，在使用回调函数时就需要在每一个回调函数中进行错误处理，但是在 Promise 对象链中可以实现集中处理甚至分块处理。

如果 Promise 对象链中的某一环出现错误，Promise 对象链便会从出错的环节开始，不断向下传递，直到出现任何一环的 Promise 对象对错误进行响应为止。

```
animate1()
  .then(() => animate2()) ───┐
  .then(() => animate3()) ───┤
  .then(() => animate4()) ───┤
  .catch(err => {       ◄────┘
    console.error(err)
    return animate5()
  })
  .then(/* ... */)                  ───┐
  .catch(err => console.error(err)) ◄──┘
```

3.10.2　高级使用方法

除了 Promise 对象本身，ES2015 标准还提供了更多的使用工具和方法，以便满足我们实际开发中的特殊需求。

3.10.2.1　**Promise.all(iterable)**

该方法可以传入一个可迭代对象（如数组），并返回一个 Promise 对象，该 Promise 对象会在当可迭代对象中的所有 Promise 对象都进入完成状态（包括成功和失败）后被激活。

1. 如果可迭代对象中的所有 Promise 对象都进入了成功状态，那么该方法返回的 Promise 对象也会进入成功状态，并以一个可迭代对象来承载其中的所有返回值。

2. 如果可迭代对象中 Promise 对象的其中一个进入了失败状态，那么该方法返回的 Promise 对象也会进入失败状态，并以那个进入失败状态的错误信息作为自己的错误信息。

```
// Syntax: Promise.all(iterable) : Promise

const promises = [ async(1), async(2), async(3), async(4) ]

Promise.all(promises)
  .then(values => {
    // ...
  })
  .catch(err => console.error(err))
```

3.10.2.2　**Promise.race(iterable)**

与 `Promise.all(iterable)` 方法不同的是，`Promise.race(iterable)` 方法虽然同样也接受一个包含若干个 Promise 对象的可迭代对象，但不同的是这个方法会监听这所有的 Promise 对象，并等待其中的第一个进入完成状态的 Promise 对象。一旦有第一个 Promise 对象进入了完成状态，该方法返回的 Promise 对象便会根据这第一个完成的 Promise 对象的状态而改变。

```
// Syntax: Promise.race(iterable) : Promise

const promises = [ async(1), async(2), async(3), async(4) ]

Promise.race(promises)
  .then(values => {
    // ...
  })
  .catch(err => console.error(err))
```

3.11　代码模块化

根据 12-Factor 规则，一项软件工程应当能够以显性的方式表达其依赖性，如 Perl 的 CPAN 或是 Ruby 的 Rubygems。而 ES2015 以前的 ECMAScript 并不能完成这一点，这也是一直以来许多使用其他语言的工程师诟病 ECMAScript 系语言（尤其是 JavaScript）的原因之一。

在 JavaScript 领域中，模块化的需求越来越大。从以前简单的页面开发，到如今达到了复杂的 GUI 开发水平，JavaScript 或是 ECMAScript 越来越需要更为详细的模块化机制，以应对越来越复杂的工程需求。

在 Node.js 开始流行起来时，由 Isaac Z. Schlueter 开发的 NPM 则成为了 JavaScript 世界中最为流行的模块管理平台。这满足了 12-Factor 中模块化的"硬件要求"，但是在 JavaScript 部分依然需要以 CommonJS 的形式获取依赖。

由于 ECMAScript 或 JavaScript 自身并没有类似的标准和实现，TC-39 便决定在 ECMAScript 中加入原生的模块化标准，以解决多年来困扰众多 JavaScript 开发者的问题。

从许多年前开始，各大公司、团队和技术牛人都相继给出了他们对于这个问题的不同解决方案，以至于 TC-39 定下了如 CommonJS、AMD、CMD 或 UMD 等 JavaScript 模块化标准，RequireJS、SeaJS、FIS、Browserify、webpackΩ 等模块加载库都以各自不同的优势占领着一方土地，如图 3.10 所示。

图 3.10　JavaScript 模块化工具

对于大部分的 JavaScript 程序员来说，有太多不同的选择反而会让他们感到不安和迷茫，他们并不能从中选择最适合自己的一种，这也导致了分门立派的情况出现。TC-39 在 ES2015 中为 ECMAScript 新增的原生模块化标准，正是为了解决该问题而被提出的。它包含了以往的模块加载库的主要功能，还添加了一些非常实用的设计，以提高 ECMAScript 的模块化管理能力。

```
import fs from 'fs'
import readline from 'readline'
import path from 'path'

let Module = {
  readLineInFile(filename, callback = noop, complete = noop) {
    let rl = readline.createInterface({
      input: fs.createReadStream(path.resolve(__dirname, './big_file.txt'))
    })

    rl.on('line', line => callback(line))
    rl.on('close', complete)

    return rl
  }
}

function noop() { return false }

export default Module
```

3.11.1　引入模块

ES Module 中有很多种引入模块的方法，最基本的便是 import 语句。

```
import name from 'module-name'
import * as name from 'module-name'
import { member } from 'module-name'
import { member as alias } from 'module-name'
import 'module-name'
```

3.11.1.1　引入默认模块

图 3.11 为引入默认模块示意图。

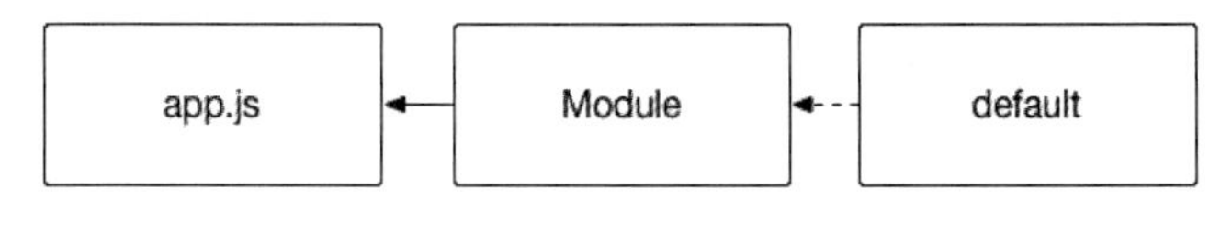

图 3.11　引入默认接口

在开发 JavaScript 应用时（如 Node.js 应用），大部分都会使用 CommonJS 标准来进入模块化。CommonJS 的特点就是为每一个模块设置一个命名空间，即这个模块的容器。如在 Node.js 的标准库中，就都遵循该模块化标准。

```
// Syntax: import namespace from 'module-name'

import http from 'http'
import url from 'url'
import fs from 'fs'
import url from 'url'
```

3.11.1.2 引入模块部分接口

图 3.12 为引入模块部分接口示意图。

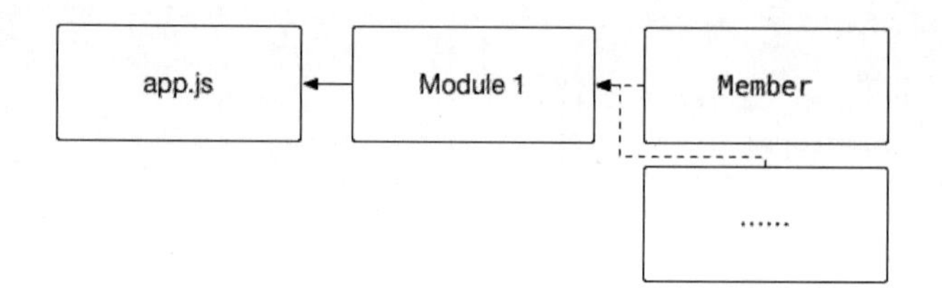

图 3.12 引入部分接口

与以往的模块化标准不一样的是，ES2015 中的模块化机制（以下简称 ES Module）支持引入一个模块的部分接口。就好比 LoDash 等一些著名的模块，拥有上百个不同的接口，但是我们只使用到其中的少部分接口，那么便可以利用 ES Module 的该特性来提高代码的可读性。

```
// Syntax: import { member1, member2 } from 'module-name'

import { isEmpty } from 'lodash'
import { EventEmitter } from 'events'

console.log(isEmpty({})) //=> true
```

但此时却有了一个新的问题——有一些第三方模块的接口名在定义时，是考虑到该模块的命名空间来实现语义化的。如 Node.js 中的 HTTP 和 HTTPS 模块，如果需要创建一个 HTTP 服务器，就需要使用到其中的 `createServer` 接口，但是这个接口本身并没有语义性，如果直接使用该接口名进行引入，就可能会出现指代不明的现象。

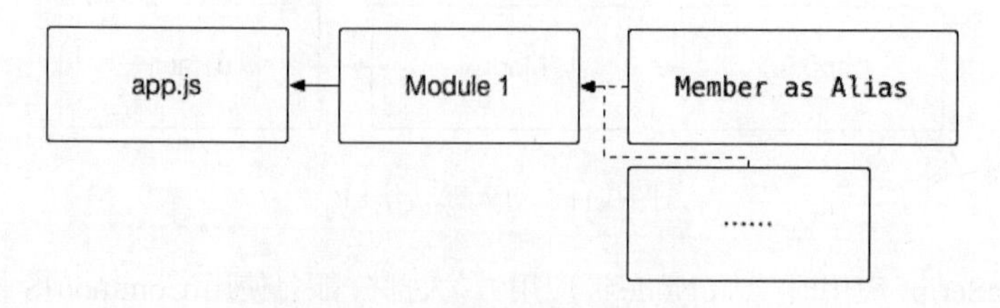

图 3.13 为模块接口定义别名

ES Module 为这种情况提供了一种解决方案，可以为从模块中局部引用的接口定义一个别名，以避免指代不明或接口重名的情况出现，如图 3.13 所示。

```
// Syntax: import { member as alias } from 'module-name'

import { createServer as createHTTPServer } from 'http'
import { createServer as createHTTPSServer } from 'https'
```

3.11.1.3　引入全部局部接口到指定命名空间

为模块定义命名空间的过程如图 3.14 所示。

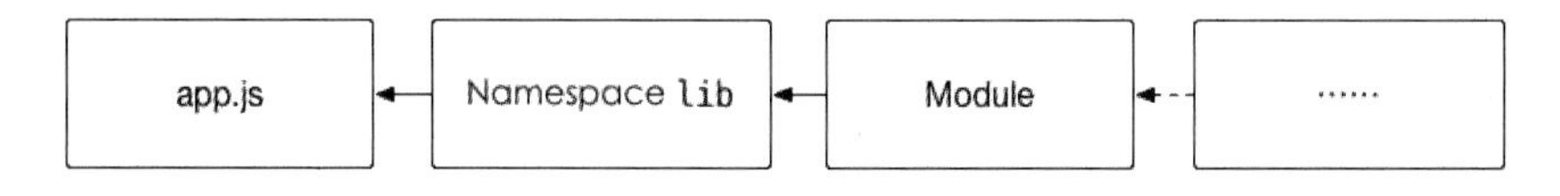

图 3.14　为模块定义命名空间

有的模块并不会定义默认接口，而只是定义了若干个命名接口，但是开发者依然希望能像 CommonJS 等模块标准那样将其中的所有接口定义到一个命名空间中，那么就需要一个语法来实现这样的需求。

```
// Syntax: import * as namespace from 'module-name'

import * as lib from 'module'

lib.method1()
lib.method2()
```

3.11.1.4　混入引入默认接口和命名接口

图 3.15 所示为混合引入默认接口和命名接口的过程。

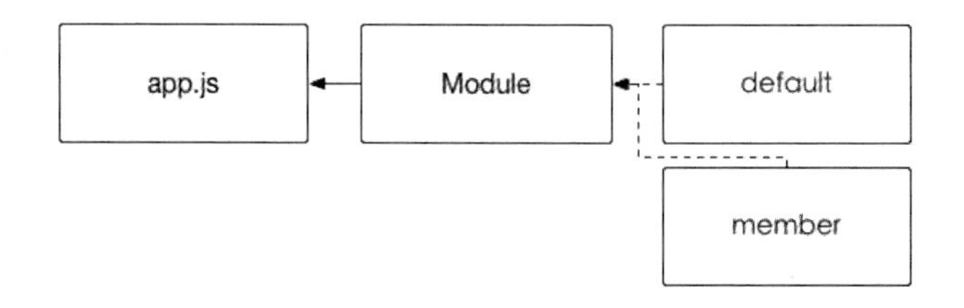

图 3.15　混合引入默认接口和命名接口

虽然说对于同一个模块可以使用多个 `export` 语句，但是如果希望同时引入默认接口和其他命名接口，可以通过混合语句来实现。

```
// Syntax: import { default as <default name>, method1 } from 'module-name'

import { default as Client, utils } from 'module'
```

这里必须要注意的是，引入的默认接口必须要使用 as 语句被赋予一个别名，因为在除模块引入语句以外的地方 default 是一个保留关键字，所以无法被使用。

```
import { default, utils } from 'module' // Wrong!
```

当然 ES Module 中还有一种更为简洁的语法可以实现这个需求，有效避免因为开发者对语法不熟悉而导致的失误。

```
// Syntax: import <default name>, { <named modules> } from 'module-name'

import Client, { utils } from 'module'
import Client, * as lib from 'module'
```

3.11.1.5　不引入接口，仅运行模块代码

在某些场景下，一些模块并不需要向外暴露任何接口，只需要执行内部的代码（如系统初始化等），如图 3.16 所示。

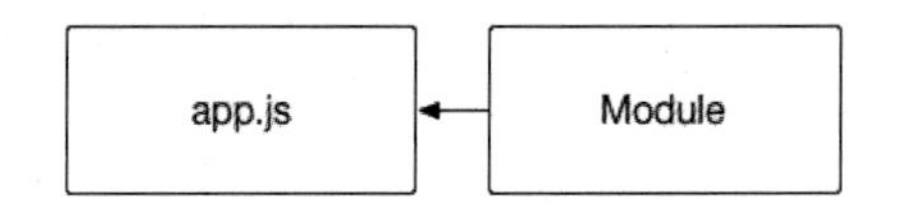

图 3.16　仅运行模块代码

那么对于调用它的模块来说，就不需要定义任何引入接口了。

```
// Syntax: import 'module-name'

import 'system-apply'
```

3.11.2　定义模块

实际上 ES Module 与 AMD 或 CMD 等模块化标准不一样的地方在于，ES Module 并没有实际的模块定义概念。ES Module 中以文件名及其相对或绝对路径作为该模块被引用时的标识。

> 在 Node.js 的开发中，Node.js 有一套高于 ES Module 的模块机制，其中有实际性的模块定义功能。故在 Node.js 中可以通过配置定义文件来定义一个模块，在模块加载时可以通过配置定义文件中所定义的模块标识来进行模块加载。

3.11.3　暴露模块

在 ES Module 中有好几种暴露模块的方法，而这些也可以看作是不同的模块暴露模式，其中不同的方法进行组合可以让模块的运用更为灵活。

3.11.3.1　暴露单一接口

图 3.17 为暴露单一接口示意图。

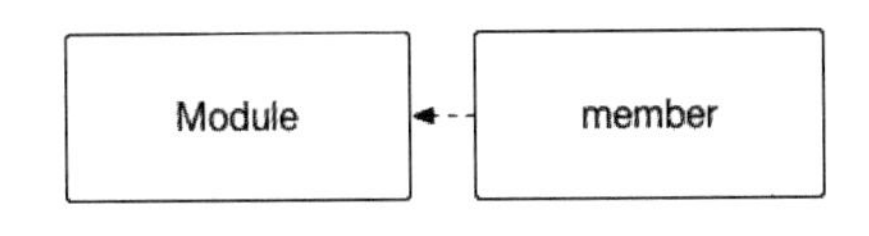

图 3.17　暴露单一接口

假如我们需要定义一个项目内的工具集模块，则要将其中定义的函数或者对象暴露到该文件所定义的模块上。

```
// Syntax: export <statement>

// module.js
export const apiRoot = 'https://example.com/api'

export function method() {
  // ...
}

export class Foo {
  // ...
}

// app.js
import { method, Foo } from 'module.js'
```

`export` 语句后所跟着的语句需要具有声明部分和赋值部分。

1. 声明部分（Statement）为 `export` 语句提供了所暴露接口的标识。

2. 赋值部分（Assignment）为 `export` 语句提供了接口的值。

而那些不符合这两个条件的语句都无法被暴露在当前文件所定义的模块上，所以以下代码会被视为非法代码。

```
// 1.
export 'foo'
```

```
// 2.
const foo = 'bar'
export foo

// 3.
export function() {}
```

3.11.3.2 暴露模块默认接口

图 3.18 为暴露模块默认接口示意图。

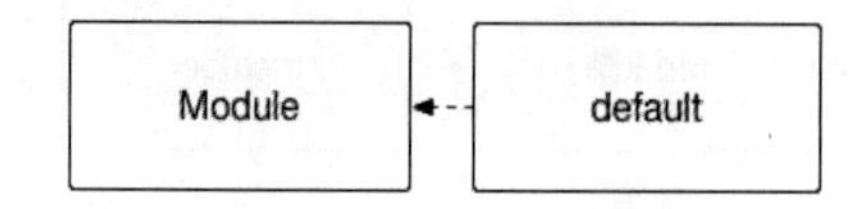

图 3.18 暴露模块默认接口

在某些时候，一个模块只需要暴露一个接口，比如需要使用模块机制定义一个只含有一个单一工具类的模块时，就没有必要让这个工具类成为该模块的一部分，而是要让这个类直接成为这个模块。ES Module 中便提供了这样的接口，让一个值直接成为模块的内容（或默认内容），而无须声明部分。

```
// Syntax: export default <value>

// client.js
export default class Client {
  // ...
}

// app.js
import Client from 'client.js'
```

3.11.3.3 混合使用暴露接口语句

图 3.19 为混合使用暴露接口示意图。

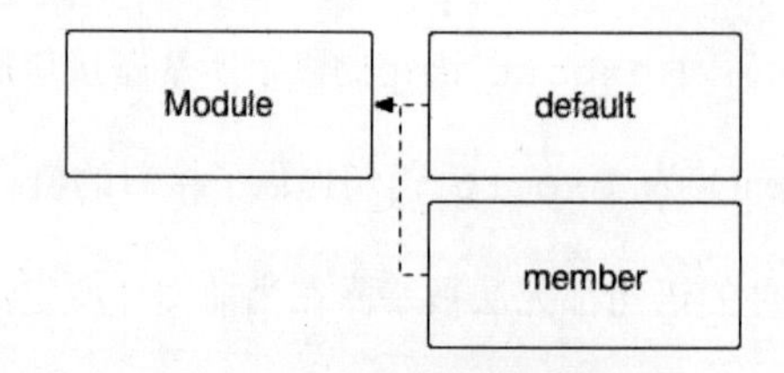

图 3.19 混合暴露模块接口

就如前面的 `import` 语句一样，`export` 语句和 `export default` 语句同时使用并不冲突。开发者可以为一个模块同时定义默认接口和其他命名接口。

```
// module.js
export default class Client {
  // ...
}

export const foo = 'bar'


// app.js
import Client, { foo } from 'module'
```

3.11.3.4　从其他模块暴露接口

ES Module 还提供了一种通过其他模块所暴露的接口来作为当前模块接口的方法，这种需求一般在第三方类库中较为常用。

3.11.3.5　暴露一个模块的所有接口

图 3.20 为暴露其他模块所有接口示意图。

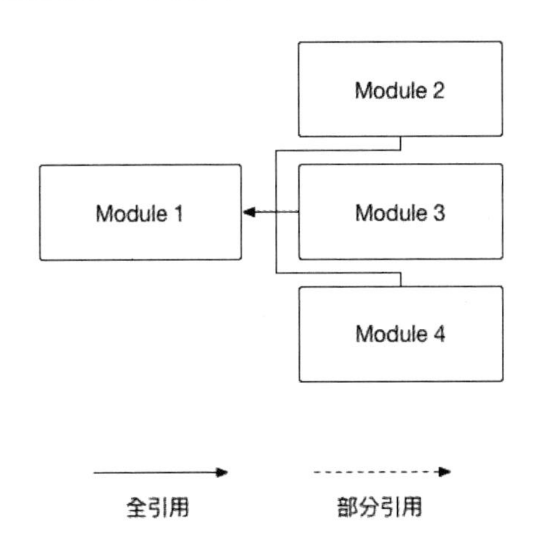

图 3.20　暴露其他模块的所有接口

在第三方类库的开发中，不免需要将各种不同的功能块分成若干个模块来进行开发，以便管理。而 ES Module 中的如下语法，便可以将 `import` 语句和 `export` 组合，直接将一个模块的接口暴露到另外一个模块上，以减少啰嗦代码的产生。

```
// Syntax: export * from 'other-module'

// module-1.js
```

```
export function foo() { /* ... */ }

// module.js
export * from 'module-1'

// app.js
import { foo } from 'module'
```

3.11.3.6　暴露一个模块的部分接口

图 3.21 为暴露一个模块的部分接口示意图。

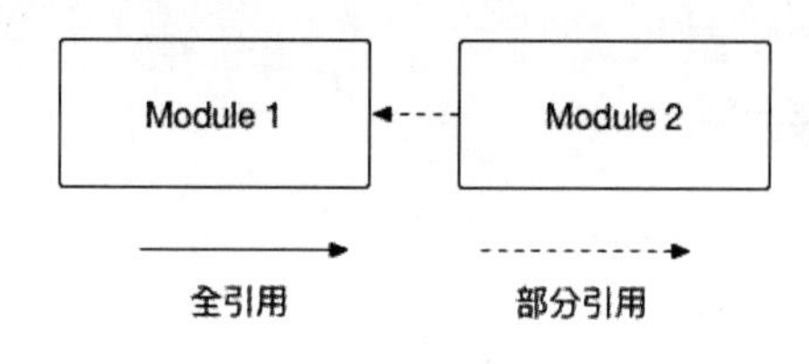

图 3.21　暴露部分接口

除了可以完整地暴露一个模块外，ES Module 同样允许开发者只暴露一个模块的部分接口。同样地，这与 `import` 语句的语法也是类似的。

```
// Syntax: export { member } from 'module-name'

export { member } from 'module'

export { default as Module1Default } from 'module'
```

3.11.3.7　暴露一个模块的默认接口

图 3.22 为暴露一个模块的默认接口示意图。

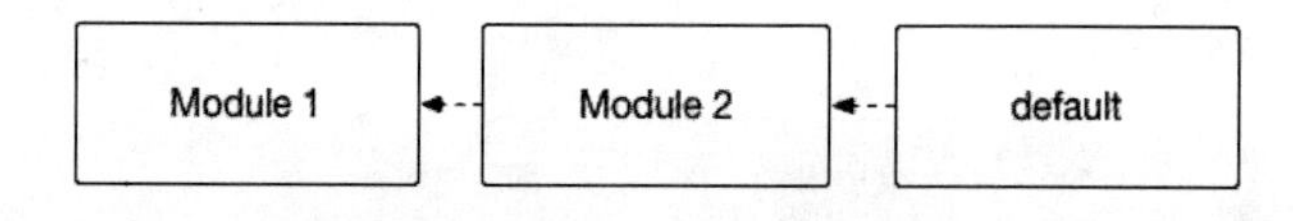

图 3.22　暴露一个模块的默认接口

可以将一个模块的默认接口作为另一个模块的默认接口。

```
export { default } from 'module'
```

3.12　Symbol

Symbol 是 ES2015 全新引入的一种概念。简单地说，Symbol 是一种**互不等价**的标志。如果想要搞清楚 Symbol 究竟是干什么的以及它的意义究竟是什么，我们要以一个例子来说明。

在前端的 JavaScript 应用开发中，需要先通过渲染引擎所提供的 API 来获取一个 DOM 元素对象，并保留在 JavaScript 运行时中。因为业务需要，需要通过一个第三方库对这个 DOM 元素对象进行一些修饰，即对该 DOM 元素对象进行一些新属性的插入。

而后来因为新需求的出现，需要再次利用另外一个第三方库对同一个 DOM 元素对象进行修饰。但非常不巧的是这个第三方库同样需要对该 DOM 元素对象进行属性插入，而恰好这个库所需要操作的属性与前一个第三方库所操作的属性**相同**。这种情况下就很有可能会出现两个第三方库都无法正常运行的现象，而使用这些第三方库的开发者却难以进行定位和修复。

针对上述问题，Symbol 可以提供一种良好的解决方案。这是因为 Symbol 的实例值带有互不等价的特性，即任意两个 Symbol 值都不相等。在 ES2015 标准中，字面量对象除了可以使用字符串、数字作为属性键以外，还可以使用 Symbol 作为属性键，因此便可以利用 Symbol 值的互不等价特性来实现属性操作的互不干扰了。

3.12.1　基本语法

Symbol 的用法非常简单且直观，所得到的是一个 Symbol 值。开发者同时可以为 Symbol 值添加一个描述。

3.12.1.1　生成唯一的 Symbol 值

执行 `Symbol([description])` 函数可以生成一个与其他 Symbol 值互不等价的 Symbol 值，其中 `Symbol()` 函数可以接受一个**除 Symbol 值**以外的值作为该 Symbol 值的描述，以便通过开发者的辨认判断其为可选的。

```
// Syntax: Symbol([description]) : Symbol

const symbol = Symbol()                              //=> Symbol()
const symbolForSomething = Symbol('something')     //=> Symbol(something)
const symbolWithNumber = Symbol(3.14)              //=> Symbol(3.14)
const symbolWithObject = Symbol({ 'foo': 'bar' }) //=> Symbol([object Object])

// Don't use a symbol to be another symbol's description
const anotherSymbol = Symbol(symbol) //=> TypeError: Cannot convert a Symbol value to a
string
```

刚接触 Symbol 的开发者会很容易地认为 Symbol 值与我们为其设定的描述有关，其实这个描述值仅仅是起到了描述的作用，而不会对 Symbol 值本身起到任何的改变作用。因此，即便是两个具有相同描述值的 Symbol 值也并不具有等价性。

```
const symbol1 = Symbol('foobar')
const symbol2 = Symbol('foobar')

symbol1 == symbol2 //=> false
```

此处需要非常注意的是，`Symbol` 函数并**不是**一个构造函数，所以开发者不能使用 `new` 语句来生成一个 Symbol“对象”，否则将会抛出一个 `TypeError` 错误。

```
new Symbol() //=> TypeError: Symbol is not a constructor
```

由此可知，Symbol 是一种值类型而非引用类型。这就意味着如果将 Symbol 值作为函数形参进行传递，将会进行复制值传递而非引用传递，这跟其他值类型（字符串、数字等）的行为是一致的。

```
const symbol = Symbol('hello')

function fn1(_symbol) {
  return _symbol == symbol
}

console.log(fn1(symbol)) //=> true

function fn2(_symbol) {
  _symbol = null
  console.log(_symbol)
}

fn2(symbol) //=> null
console.log(symbol) //=> Symbol(foobar)
```

当然，如果真的希望得到一个 Symbol“对象”，可以使用 `Object()` 函数实现。

```
const symbol = Symbol('foo')
typeof symbol     //=> symbol
const symbolObj = Object(symbol)
typeof symbolObj  //=> object
```

3.12.1.2　注册全局可重用 Symbol

虽然具有互不等价性的 Symbol 值可以有效避免让对象属性键发生冲突，但是有时候也需要让其他程序得到某个用于控制对象属性的 Symbol 值。如果每一次进行交互都需要将 Symbol 值作为参数来传递，会显得非常的烦琐且冗余（因为 Symbol 值会进行值复制而不是传递引用）。

ES2015 标准除了提供具有唯一性的 Symbol 值以外，同样还允许开发者在**当前运行时**中定义一些具有**全局有效性**的 Symbol。开发者可以通过一个 `key` 向当前运行时注册一个需要在其他程序中使用的 Symbol。

```
// Syntax: Symbol.for([key]) : Symbol

const symbol = Symbol.for('foobar')
```

Symbol.for()与 Symbol()的区别是，Symbol.for()会根据传入的 key 在全局作用域中注册一个 Symbol 值，如果某一个 key 从未被注册到全局作用域中，便会创建一个 Symbol 值并根据 key 注册到全局环境中。如果该 key 已被注册，就会返回一个与第一次使用所创建的 Symbol 值等价的 Symbol 值。

```
const symbol = Symbol.for('foo')
const obj = {}
obj[symbol] = 'bar'
// ...

const anotherSymbol = Symbol.for('foo')

console.log(symbol === anotherSymbol) //=> true
console.log(obj[anotherSymbol]) //=> bar
```

这在大型系统的开发中可以用于一些全局的配置数据中或者用于需要多处使用的数据中。

3.12.1.3　获取全局 Symbol 的 key

既然可以通过字符串的 key 在全局环境中注册一个全局 Symbol，那么同样也可以根据这些全局 Symbol 获取到它们所对应的 key。

```
// Syntax: Symbol.keyFor(<global symbol>) : String

const symbol = Symbol.for('foobar')

console.log(Symbol.keyFor(symbol)) //=> foobar
```

3.12.2　常用 Symbol 值

除了开发者需要自行创建的 Symbol 值以外，ES2015 标准还定义了一些内置的常用 Symbol 值，这些 Symbol 值的应用深入到了 ECMAScript 引擎运行中的各个角落。开发者可以运用这些常用 Symbol 值对代码的内部运行逻辑进行修改或拓展，以实现更高级的需求。

表 3.10 列出了在 ES2015 标准中所定义的常用 Symbol 值及其意义，随后我们将会对其中最常用的几个进行详细解释。

表 3.10 常用 Symbol 值及意义

定义名	描述	含义
@@iterator	"Symbol.iterator"	用于为对象定义一个方法并返回一个属于所对应对象的迭代器。该迭代器会被 for-of 循环语句所使用
@@hasInstance	"Symbol.hasInstance"	用于为类定义一个方法。该方法会因为 instanceof 语句的使用而被调用，来检查一个对象是否是某一个类的实例
@@match	"Symbol.match"	用于为正则表达式定义一个可被 String.prototype.match() 方法使用的方法，检查对应的字符串与当前正则表达式是否匹配
@@replace	"Symbol.replace"	用于为正则表达式或对象定义一个方法。该方法会因为 String.prototype.replace() 方法的使用而被调用，用于处理当字符串使用该正则表达式或对象作为替换标志时的内部处理逻辑
@@search	"Symbol.search"	用于为正则表达式或对象定义一个方法。该方法会因为 String.prototype.search() 方法的使用而被调用，用于处理当字符串使用该正则表达式或对象作为位置检索标志时的内部处理逻辑
@@split	"Symbol.split"	用于为正则表达式或对象定义一个方法。该方法会因为 String.prototype.split() 方法的使用而被调用，用于处理当字符串使用该正则表达式或对象作为分割标志时的内部处理逻辑
@@unscopables	"Symbol.unscopables"	用于为对象定义一个属性。该属性用于描述该对象中哪些属性是可以被 with 语句所使用的
@@isConcatSpreadable	"Symbol.isConcatSpreadable"	用于为对象定义一个属性。该属性用于决定该对象作为 Array.prototype.concat() 方法的参数时，是否会被展开
@@species	"Symbol.species"	用于为类定义一个静态属性。该属性用于决定该类的默认构建函数
@@toPrimitive	"Symbol.toPrimitive"	用于为对象定义一个方法。该方法会在该对象需要转换为值类型的时候被调用，可以根据程序的行为决定该对象需要被转换成的值
@@toStringTag	"Symbol.toStringTag"	用于为类定义一个属性。该属性可以决定这个类的实例在调用 toString() 方法时，其中的标签内容

3.12.3 Symbol.iterator

在 ES2015 标准中定义了可迭代对象（Iterable Object）和新的 for-of 循环语句，其中可迭代对象并不是一种类型，而是带有@@iterator 属性和可以被 for-of 循环语句所遍历的对象的统称。

3.12.3.1　for-of 循环语句与可迭代对象

for-of 循环语句是 ES2015 中新增的循环语句，它可以对所有可迭代对象进行遍历，而不仅仅是数组。在 ES2015 中，默认的可迭代对象有：数组（Array）、字符串（String）、类型数组（TypedArray）、映射对象（Map）、集合对象（Set）和生成器实例（Generator），而在浏览器的运行环境中，DOM 元素集合（如 NodeList）也是可迭代对象。

```
// Array
for (const el of [ 1, 2, 3 ]) console.log(el)
// String
for (const word of 'Hello World') console.log(word)
// TypedArray
for (const value of new Uint8Array([ 0x00, 0xff ])) console.log(value)
// Map
for (const entry of new Map([ ['a', 1], ['b', 2] ])) console.log(entry)
// Set
for (const el of new Set([ 1, 2, 3, 3, 3 ])) console.log(el)
// Generator
function* fn() { yield 1 }
for (const value of fn()) console.log(value)
```

3.12.3.2　使用 Symbol.iterator 定义一个可迭代对象

除了在标准中定义的可迭代对象以外，开发者也可以自行使用 Symbol.iterator 来定义一个可迭代对象。可迭代对象都会有一个使用 Symbol.iterator 作为方法名的方法属性，该方法会返回一个迭代器（Iterator）。虽然在 ECMAScript 中并没有协议（Protocol）的概念，但是我们同样可以将这个迭代器看作是一种协议，即迭代器协议（Iterator Protocol）。该协议定义了一个方法 next()，含义是进入下一次迭代的迭代状态，第一次执行即返回第一次的迭代状态，该迭代状态对象需要带有两个属性，如表 3.11 所示。

表 3.11　迭代状态对象属性

属　性	类　型	含　义
done	Boolean	该迭代器是否已经迭代结束
value	Any	当前迭代状态的值

> 不知你是否还记得生成器实例的用法，这里的生成器实例实现了这个迭代器协议。

利用 Symbol.iterator 在对象中实现一个迭代器需要将 Symbol.iterator 作为属性键，定义一个方法。

假设我们根据业务需要，自行实现了一个单向链表，用于应对一些业务中的特殊需求（详细实现此处省略）。

```
class Item {
  constructor(value, prev = null, next = null) {
    this.value = value
    this.next = next
  }

  get hasNext() { return !!this.next }
}

class LinkedList {
  constructor(iterable) { /* ... */ }
  push(value) { /* ... */ }
  pop() { /* ... */ }
  unshift(value) { /* ... */ }
  shift() { /* ... */ }
  get length() { /* ... */ }
  get head() { /* ... */ }
  get tail() { /* ... */ }
}
```

显然，链表作为数组的一种实现，它应该是一种可迭代对象。那么我们就需要为其定义相关方法，使其支持 for-of 循环语句的迭代。首先我们要为链表类添加一个以 Symbol.iterator 为属性键的方法。

```
class LinkedList {
  [Symbol.iterator]() {
    // ...
  }
}
```

假设我们需要让链表对象在 for-of 循环语句中是顺序遍历的，那么就可以将每一个元素都作为迭代器的一个状态。

```
[Symbol.iterator]() {
  let currItem = { next: this.head }

  return {
    next() {
      currItem = currItem.next
      currItem.next = currItem.next || { hasNext: false }

      return {
        value: currItem.value,
        done: !currItem.hasNext
      }
    }
```

```
  }
}
```

此处需要注意的是，迭代器需要以一个**空状态**作为结束标志，也就是说即使迭代器历遍到了需要输出的最后一个元素，其所对应的状态依然是未结束状态（done: false），所以最后需要再输出一个空状态来表示结束。

3.12.4 Symbol.hasInstance

ES2015 标准为开发者提供了非常多的新运行逻辑操作权限，其中 Symbol.hasInstance 为开发者提供了可以用于扩展 instanceof 语句内部逻辑的权限。开发者可以将其作为属性键，用于为一个类定义静态方法，该方法的第一个形参便是被检测的对象，而该方法的返回值便是决定了当次 instanceof 语句的返回结果。

```
class Foo {
  static [Symbol.hasInstance](obj) {
    console.log(obj) //=> {}

    return true
  }
}

console.log({} instanceof Foo) //=> true
```

3.12.5 Symbol.match

新标准除了给予开发者更多的语法内部操作权利外，还为正则表达式（RegExp）提供了一些自定义入口。其中 Symbol.match 便是正则表达式（或者对象）在作为字符串使用 match() 方法时，内部运行逻辑的自定义逻辑入口。开发者可以通过 Symbol.match 来自行实现 match() 方法的运行逻辑，比如利用 strcmp（在 ECMAScript 中为 String.prototype.localeCompare()）来实现。

```
const re = /foo/
re[Symbol.match] = function(str) {
  const regexp = this
  console.log(str)  //=> bar
  // ...

  return true
}

'bar'.match(re) //=> true
```

3.12.6 Symbol.unscopables

以前的 ECMAScript 标准定义了一个名为 with 的语句，该语句的作用是将一个对象变为一段代码的上下文，在这段代码中变量或者表达式的寻找都会先从这个对象的属性开始。这个语句经常会被广泛地使用到模板引擎的实现当中，用于获取渲染数据的参数。但是由于该语句存在误导性和安全隐患，因此被许多开发者所否定，并且在 ECMA-262 第五版所定义的**严格模式**（Strict Mode）中是被禁止使用的。但是因为严格模式的启用需要使用字符串"use strict"作为启动标识，且只能从当前作用于向下启用，所以有的代码是不能被强制要求使用严格模式的，比如具有历史包袱的旧代码。

ECMAScript 新标准为原生类型定义了新方法，比如 Array.prototype.entries()是 ES2015 标准中新添加的方法。出于严谨考虑，这些新的方法是不能被 with 语句所展开的，也就是说不能被 with 语句所包含的代码检索到。

```
const arr = [ 1, 2, 3, 4, 5 ]

with(arr) {
  console.log(slice(0, 3)) //=> [1, 2, 3]
  console.log(entries())   //=> ReferenceError: entries is not defined
}
```

都是通过 Symbol.unscopables 作为属性键所定义的，我们可以看看 Array 类型有哪些属性禁止在 with 语句中被使用。

```
Array.prototype[Symbol.unscopables]
//=>
// {
//   copyWithin: true,
//   entries: true,
//   fill: true,
//   find: true,
//   findIndex: true,
//   keys: true,
//   values: true
// }
```

出于实验尝试，我们可以将其中的一个改为 false，就以刚才的 entries 方法为例。当然在生产环境中是绝不能这样做的，以免造成不必要的错误和损失。

```
const arr = [ 1, 2, 3, 4, 5 ]

arr[Symbol.unscopables].entries = false

with(arr) {
```

```
  console.log(entries())   //=> ArrayIterator {}
}
```

这也可以用在开发者自行创建的对象中。

```
const data = {
  foo: 1,
  bar: 2,
  something: 3
}
const something = 'boom'

data[Symbol.unscopables] = {
  foo: true,
  bar: false,
  something: true
}

with(data) {
  console.log(bar)       //=> 2
  console.log(something) //=> boom
  console.log(foo)       //=> ReferenceError: foo is not defined
}
```

3.12.7 Symbol.toPrimitive

我们都知道，在 ECMAScript 中类型分为两种，一种为值类型（Primitive Type），另一种为引用类型（Reference Type）。而在 ECMAScript 开发的过程中，开发者常常会利用其中自动进行的隐式类型转换，其中就包括将引用类型转换为值类型。然而有时候其隐式转换的结果并不是我们想要的。

虽然开发者可以通过重写覆盖 `toString()` 的方法来自定义对象在隐式转换成字符串时的结果，但是如果出现需要转换成数字时便变得无从入手。`Symbol.toPrimitive` 便为开发者提供了更高级的控制权力，使得引用类型的对象在转换为值类型时都可以进行自定义处理，无论是转换为字符串还是数字。

开发者可以使用 `Symbol.toPrimitive` 作为属性键为对象定义一个方法，这个方法接受一个参数，这个参数用于判断当前隐式转换的目标类型，如表 3.12 所示。

表 3.12 隐式转换参数值与对应类型

参数值	含　义
number	该次隐式转换的目标类型为数字
string	该次隐式转换的目标类型为字符串
default	引擎无法判断该次目标类型

需要注意的是，这里的 default 并不是因为目标类型无法被转换，而是因为语法上容易造成混乱。比如：

```
10 + obj + ""
```

出于严谨，在 ES2015 中被定义为 default，由开发者自行决定。

```
const obj = {}
console.log(+obj)     //=> NaN
console.log(`${obj}`) //=> [object Object]
console.log(obj + "") //=> [object Object]

const Ten = {
  [Symbol.toPrimitive](hint) {
    switch(hint) {
      case 'number':
        return 10
      case 'string':
        return 'Ten'
      case 'default':
        return true
    }
  }
}
console.log(+Ten)     //=> 10
console.log(`${Ten}`) //=> Ten
console.log(Ten + "") //=> true
```

3.12.8 Symbol.toStringTag

常用 Symbol 值在前面的章节中我们就已经提到过，它的作用是可以决定这个类的实例在调用 toString() 方法时的标签内容。

在 Object 类及其所有的子类（在 ECMAScript 中，除了 null、undefined 以外，一切类型和类都可以看作是 Object 的子类）的实例中，有一个利用 Symbol.toStringTag 作为键的属性，该属性定义着当这个对象的 toString() 方法被调用时，所返回的 Tag 的内容是什么。

比如在开发者定义的类中，就可以通过 `Symbol.toStringTag` 来修改 `toString()` 中的标签内容，利用它作为属性键为类型定义一个 Getter。

```
class Bar {}

class Foo {
  get [Symbol.toStringTag]() { return 'Bar' }
}

const obj = new Foo()
console.log(obj.toString()) //=> [object Bar]
```

3.13 Proxy

Symbol 特性为开发者提供了许多语法层面的高级自定义权力，但是 Symbol 并不能改变一个对象在被程序进行读取或操作时原本应该进行的逻辑。而 ES2015 中新增的 Proxy 特性则为开发者提供了一种实现元编程的“大杀器”。

元编程（Meta-programming）是一种高级的编程概念，其概念可以这样简单地描述：一个程序可以对另外一个程序进行读取、转换，甚至在这第二个程序运行的时候对其进行修改。在 ECMA-262 第五版标准中，TC-39 为对象（Object）添加了 Getter 和 Setter 的特性，而这个在 ES2015 标准中可以被更为简洁直观地使用，所以我们便以 ES2015 标准中的方式作为一个例子，讲讲在 ECMAScript 中的元编程。

3.13.1 元编程

元编程概念的重点在于，在一个程序的内容、运行环境、配置等都不做任何修改的情况下，可以通过其他程序对其进行读取或修改。通过 Getter/Setter 来做示例，一个程序对 Getter 和 Setter 的行为是无法感知的，也就是说对于其他程序而言，Getter/Setter 与普通的属性并无任何区别。但是 Getter/Setter 却可以通过其内部的响应器（Handler）来自定义其所运行的逻辑或将要返回的值，这对于使用它的程序来说并没有什么区别，但却有可能因为所使用的 Getter/Setter 的逻辑而使这个程序的实际运行逻辑与其代码字面上所表达的完全不一样。

```
// Program 1
const obj = {
  __name: '',
  prefix: '',
  get name() { return this.prefix + this.__name },
  set name(str) { this.__name = str }
```

```
}

// Program 2
obj.name = 'ES2015'
console.log(obj.name) //=> ES2015

obj.prefix = 'Hello '
console.log(obj.name) //=> Hello ES2015
// 与第一次的结果不一样了!
```

我们可以注意到程序 2 中对 `obj.name` 的两次读取操作的值都不一样，但是这中间并没有任何修改操作，只是对别的对象进行了修改。从代码字面角度看这两次读取操作应该是等价的，但是却因为程序 1 中逻辑使其变得不等价了。而在这个过程中，程序 1 处在运行中的状态。

虽然 Getter/Setter 的确让我们尝到了一点甜头，但还是受到了很大的限制，比如不能对一个变量的所有行为进行拦截，但 Proxy 提供了这样的能力，可以对任何对象的绝大部分行为进行监听和干涉，实现更多的自定义程序行为。

3.13.2　使用语法

与 Getter/Setter 不同的是，Proxy 并不是以语法的形式使用，而是以一种包装器的形式使用。Proxy 通过设置行为监听方法来捕获程序对对应对象的行为。

```
// Syntax: new Proxy(target, handler)

const obj = {}
const proxy = new Proxy(obj, {
  // ...
})
```

Proxy 的构造器接受两个参数，第一个参数为需要进行包装的目标对象，第二个参数则为用于监听目标对象行为的监听器。其中监听器可以接受以下参数以监听相对应的程序行为，如表 3.13 所示。

表 3.13　监听器属性、参数及监听内容

属 性 键	监听器参数	监听内容
has	(target, prop)	监听 in 语句的使用
get	(target, prop, reciver)	监听目标对象的属性读取
set	(target, prop, value, reciver)	监听目标对象的属性赋值
deleteProperty	(target, prop)	监听 delete 语句对目标对象的删除属性行为
ownKeys	(target)	监听 Object.getOwnPropertyNames() 的读取

续表

属 性 键	监听器参数	监听内容
apply	(target, thisArg, arguments)	监听目标函数（作为目标对象）的调用行为
construct	(target, arguments, newTarget)	监听目标构造函数（作为目标对象）利用 new 而生成实例的行为
getPrototypeOf	(target)	监听 Object.getPrototypeOf() 的读取
setPrototypeOf	(target, prototype)	监听 Object.setPrototypeOf() 的调用
isExtensible	(target)	监听 Object.isExtensible() 的读取
preventExtensions	(target)	监听 Object.preventExtensions() 的读取
getOwnPropertyDescriptor	(target, prop)	监听 Object.getOwnPropertyDescriptor() 的调用
defineProperty	(target, property, descriptor)	监听 Object.defineProperty() 的调用

3.13.3 handler.has

可以通过为 Proxy 的 handler 定义 has 监听方法，来监听程序通过 in 语句来检查一个字符串或数字是否为该 Proxy 的目标对象中某个属性的属性键的过程。

```
const p = new Proxy({}, {
  has(target, prop) {
    console.log(`Checking "${prop}" is in the target or not`)
    return true
  }
})

console.log('foo' in p) //=> true
//=> Checking "foo" is in the target or not
```

该监听方法有两个需要注意的地方，如果遇到这两种情况，便会抛出 TypeError 错误。

1. 当目标对象被其他程序通过 Object.preventExtensions() 禁用了属性拓展（该对象无法再增加新的属性，只能对当前已有的属性进行操作，包括读取、操作和删除，但是一旦删除就无法再定义）功能，且被检查的属性键确实存在于目标对象中，该监听方法便不能返回 false。

```
const obj = { foo: 1 }

Object.preventExtensions(obj)

const p = new Proxy(obj, {
```

```
  has(target, prop) {
    console.log(Checking "${prop}" is in the target or not)
    return false
  }
})

console.log('foo' in p)
//=> TypeError: 'has' on proxy: trap returned falsish for property 'foo' but the proxy
target is not extensible
```

2. 当被检查的属性键存在于目标对象中，且该属性的 configurable 配置是 false 时，该监听方法不能返回 false。

```
const obj = {}

Object.defineProperty(obj, 'foo', {
  configurable: false,
  value: 10
})

const p = new Proxy(obj, {
  has(target, prop) {
    console.log(Checking "${prop}" is in the target or not)
    return false
  }
})

console.log('foo' in p)
//=> TypeError: 'has' on proxy: trap returned falsish for property 'foo' which exists in
the proxy target as non-configurable
```

3.13.4 handler.get

Getter 虽然寄予了开发者干涉一个对象的属性在被读取时的权力，但是 Getter 只能对已知的属性键进行监听，而无法对所有属性读取行为进行拦截。Proxy 可以通过设定 get 监听方法，拦截和干涉目标对象的所有属性读取行为。

```
const obj = { foo: 1 }
const p = new Proxy(obj, {
  get(target, prop) {
    console.log(`Program is trying to fetch the property "${prop}".`)
    return target[prop]
  }
})

p.foo      //=> Program is trying to fetch the property "foo".
```

```
obj.something //=> Program is trying to fetch the property "something".
```

这个监听方法也存在需要注意的地方——当目标对象被读取属性的 configurable 和 writable 属性都为 false 时，监听方法最后返回的值必须与目标对象的原属性值一致。

```
const obj = {}

Object.defineProperty(obj, 'foo', {
  configurable: false,
  enumerable: false,
  value: 10,
  writable: false
})

const p = new Proxy(obj, {
  get(target, prop) {
    return 20
  }
})

p.foo
//=> TypeError: 'get' on proxy: property 'foo' is a read-only and non-configurable data
property on the proxy target but the proxy did not return its actual value (expected '10'
but got '20')
```

3.13.5 **handler.set**

这与 handler.get 监听方法相对应，用于监听目标对象的所有属性赋值行为。

```
const obj = {}
const p = new Proxy(obj, {
  set(target, prop, value) {
    console.log(`Setting value "${value}" on the key "${prop}" in the target object`)

    target[prop] = value
    return true
  }
})

p.foo = 1
//=> Setting value "1" on the key "foo" in the target object
```

需要注意的是，set 监听方法需要返回一个布朗值结果（或类布朗值），以让引擎知道这一次属性赋值行为是否成功，如果返回的是 false 或可以被看作 false 的值，便会抛出一个错误。

```
Uncaught TypeError: 'set' on proxy: trap returned falsish for property
```

3.13.6 handler.apply

因为在 ECMAScript 中，函数也是对象的一种，所以以此类推，Proxy 的目标对象也可以是一个函数。而 Proxy 也为作为目标对象的函数提供了监听其调用行为的属性。

```
const sum = function(...args) {
  return args
    .map(Number)
    .filter(Boolean)
    .reduce((a, b) => a + b)
}

const p = new Proxy(sum, {
  apply(target, thisArg, args) {
    console.log(`Function is being called with arguments [${args.join()}] and context
${thisArg}`)

    return target.call(thisArg, ...args)
  }
})

console.log(p(1, 2, 3)) //=> Function is being called with arguments [1,2,3] and context
undefined
                        //=> 6
```

3.13.7 handler.construct

ES2015 标准为开发者带来了真正的类语法机制，Proxy 也可以将类作为目标监听对象，并监听其通过 new 语句来生产新实例的行为。当然，这同样可以适用在作为构造器的构造函数上。

```
class Foo {}

const p = new Proxy(Foo, {
  construct(target, args, newTarget) {
    return { arguments: args } // 这里返回的结果会是 new 所得到的实例
  }
})

const obj = new p(1, 2, 3)
console.log(obj.arguments) //=> [ 1, 2, 3 ]
```

其中需要非常注意的是，该监听方法所返回的值必须是一个对象，否则会抛出一个 TypeError 表示逻辑错误。

3.13.8　创建可解除 Proxy 对象

在某些使用场景中，Proxy 是非常容易造成逻辑混淆的“双刃剑”。为了能够更好地控制 Proxy 对内部逻辑的干涉程度，ES2015 为开发者提供了可以解除所有监听的 Proxy 对象，以防出现因为 Proxy 而导致的逻辑错误。

```
// Syntax: Proxy.revocable(target, handler) : { proxy, revoke }

const obj = { foo: 10 }
const revocable = Proxy.revocable(obj, {
  get(target, prop) {
    return 20
  }
})
const proxy = revocable.proxy

console.log(proxy.foo) //=> 20

revocable.revoke()
console.log(proxy.foo) //=> TypeError: Cannot perform 'get' on a proxy that has been revoked
```

`Proxy.revocable(target, handler)`会返回一个带有两个属性的对象，其中一个 `proxy` 便是该函数所生成的可解除 Proxy 对象，而另一个 `revoke` 则是将刚才的 Proxy 对象解除的解除方法。

3.13.9　使用场景

3.13.9.1　看似“不可能”的自动填充

我们知道数据是具有严谨性和一致性的，几乎不可能实现在代码上对不存在的数据结构进行自动填充，比如下面这样的需求。

```
const obj = {}

obj.layer1.layer2.foo = 1
obj.layer1.layer2.layer3.bar = 2

console.log(obj)
//=> { layer1: { layer2: { foo: 1,
//                         layer3: { bar: 2 } } } }
```

但是我们可以通过 Proxy 来实现一些元编程的“小把戏”，具体如下。

```
class Tree {
  constructor() {
    return new Proxy({}, {
```

```
      get(target, prop) {
        if (!(prop in target)) target[prop] = new Tree()

        return target[prop]
      }
    })
  }
}

const tree = new Tree()

tree.brance1.brance2.leaf = 1
tree.brance1.brance2.brance3.leaf = 2
```

3.13.9.2 只读视图

在利用模板引擎进行模板渲染时，基本会使用一个对象作为渲染数据的载体。但是有一些模板引擎允许在模板中执行程序，这便意味着可以通过模板中的程序对渲染程序进行修改。这在一些场景中就很有可能会影响到实际开发中的逻辑正常运行，所以很有必要为模板引擎来提供一些“只读”的视图数据。

我们可以通过 Proxy 来对渲染数据对象的行为进行监听和干涉，对所有可能对渲染数据做出修改的行为进行拦截。

```
const NOPE = () => {
  throw new TypeError('Cannot modify the readonly data.')
}

function readonly(data) {
  return new Proxy(data, {
    set: NOPE,
    deleteProperty: NOPE,
    setPrototypeOf: NOPE,
    preventExtensions: NOPE,
    defineProperty: NOPE
  })
}

const data = { foo: 10 }
const readonlyData = readonly(data)

readonlyData.foo = 2
//=> TypeError: Cannot modify the readonly data.
```

是的，我们看似对这个渲染数据进行了只读化修饰，但是一旦这个渲染数据的结构层次超过了一层，而深层结果却没有进行修改拦截，且对表层数据的 get 行为也没有拦截的话，就会有很大不足。因此我们便需要对目标渲染数据的 `get` 行为进行拦截，并对其深层数据结构进行只读化修饰。

```
function readonly(data) {
  return new Proxy(data, {
    get(target, prop) {
      const result = target[prop]

      // 判断是否为引用类型
      if (Object(result) === result) {
        return readonly(result)
      }

      return result
    }

    // ...
  })
}

const data = { foo: { bar: 1 } }
const readonlyData = readonly(data)

readonlyData.foo.bar = 2  //=> TypeError: Cannot modify the readonly data.
```

3.13.9.3　入侵式测试框架

在许多项目开发完成后，都会对代码进行一系列的单元测试，这些单元测试会按照不同的单元大小和测试标准来进行。其中包括了代码块的算法正确性、功能块的逻辑正确性等，一些对性能敏感的功能还会对运行时间进行收集和判断。

在以前，如果需要干涉进行测试的业务代码，则需要对业务层面的代码进行修改。这样做的问题在于，一旦需要撤出这些测试代码，就会变得非常麻烦，而且容易造成错漏。而现在，开发者可以通过使用 Proxy 在定义方法和逻辑代码之间建立一个隔离层，这样便可以在两个地方都无须做大量修改的情况下，实现一些非常深入的测试，从而开发出一个针对业务的入侵式测试框架，如图 3.23 所示。

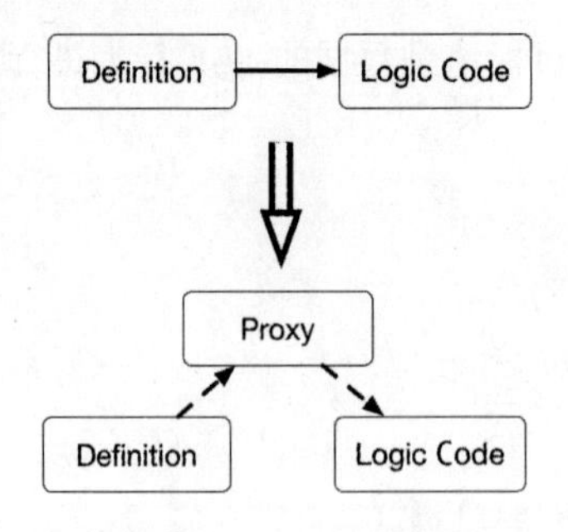

图 3.23　入侵式中间层

我们可以通过 Proxy 对目标代码进行包装，比如我们对一些目标 API 方法（函数）打一个“钩子”（Hook）。通过一些包装，可以对一些方法进行计时，此处使用 `console.time` 来进行简单的计时。

```
import api from './api'

export default hook(api, {
  methodName(fn) {
    return function(...args) {
      console.time('methodName')
      return fn(...args)
        .then((...args) => {
          console.timeEnd('methodName')
          return Promise.resolve(...args)
        })
    }
  }
})
```

为了实现这样的“钩子”机制，我们可以对目标对象的 `get` 行为进行监听和干涉，一旦发现属性键所对应的属性值为一个函数（方法），且在测试案例中存在相应的干涉机制，便将其传递到测试案例中。

```
function hook(obj, cases) {
  return new Proxy(obj, {
    get(target, prop) {
      if ((prop in cases) && (typeof target[prop] === 'function')) {
        const fn = target[prop]

        return cases[prop](fn)
      }

      return target[prop]
    }
```

```
  })
}
```

3.14　小结

在本章中，我们学习了 ES2015 标准中一些十分实用的新特性，这些特性分布在 ECMAScript 的各种开发实战中，其中有新语法、新功能，也有对旧标准中的不足进行的修改。

1. 我们知道了如何使用 `let`、`const` 来代替 `var`，并利用它们的特性与块级作用域进行配合，以完善 ECMAScript 中“随意”的变量机制。

2. 新的函数表达语法箭头函数可以将函数以更为简洁和直观的方式表达出来，并可以根据其无上下文的特性来提高代码的可读性。

3. 模板字符串使 ECMAScript 中字符串的表达更为健壮，参数注入和支持多行在实际开发中都非常实用。

4. 更为丰富的对象字面量表达语法可以使程序的可读性和简洁度再次提高。

5. 表达式解构可以说是 ECMAScript 历史上呼声最高的新特性之一，它的出现可以让代码的编写和思维转变更为顺畅。

6. 新数据结构 Map 和 Set 的引入再次激发了 ECMAScript 工程师对数据的存储和交互产生新的想象力。

7. 摆脱了各种奇怪的模拟类语法，ECMAScript 终于引入了真正的类语法，这为更高级的应用开发提供了良好的基础。

8. 生成器的引入让我们看到了其在 ECMAScript 中被用来控制代码运行进程的可能性，并以此进行了更深入的探索。

9. Promise 作为 ECMAScript 社区中非常著名的异步编程解决方案，其标准化让我们更有理由将其带到工程代码上来。

10. ES Module 作为 ECMAScript 标准开发中对代码工程化的最大推动力，统一了分裂的模块化标准，使得模块代码变得非常清晰、整洁。

11. Symbol 为开发者提供了以前我们无法涉及的进入对象运行逻辑内部的权力，允许我们对其中的逻辑进行自定义，实现一些有趣的功能。

12．Proxy 可以说是 ES2015 中唯一无法通过代码编译或模拟来实现的新特性，其基于 ECMAScript 运行引擎所提供的支持，为开发者提供了使用元编程的可能，让我们将程序的逻辑变得更为灵活。

不过你可能暂时还没有通过实际的开发更深入地理解 ES2015 的新特性。那么接下来，我们便以一个实际的案例来学习如何将 ES2015 的新特性应用到实际开发中。

第 4 章

ES2015 的前端开发实战

要想对 ES2015 这个新标准有更深入的理解，就必须将里面的知识运用到实际应用当中。在这里，我们从目前 ECMAScript 最为普遍的两个应用场景——前端开发和 Node.js 端开发方面，将 ES2015 运用到实践当中。我们会分别展示两个实际示例的详细开发过程，来突出其中所运用到的 ES2015 特性及实际意义。

在这一章中，我们会以一个名为 Filmy 的个人摄影网站为开发项目，从整体功能设计、功能模块分割等角度详细说明其开发过程。

我除了是工程师外，也是一位业余摄影师。拥有属于自己的作品展示空间是每一个创作者的心愿，虽然现在已经有了许多公开的摄影网站和可以用于展示个人作品的博客网站，但是其可定义性依然无法满足很多独立摄影师的追求，所以自行开发属于自己的展示空间便成了拥有网站开发能力的摄影师的选择。为了使产品具有简洁性，我也会将 Filmy 的功能尽可能做到简单且直观，这个项目也确实会作为实际运行的产品。

> Learning by doing.

4.1 Filmy 的功能规划

Filmy 的定位是一个独立的个人摄影展示网站，其主要的功能便是展示作品。而其中的作品也需要进行分类和分级，我们需要根据这种分级来进行界面设计和功能设计。

4.1.1 数据分级

对于一个摄影网站来说，最重要的数据单位自然是**照片**（Photo），但是在很多情况下照片都会以合集的形式展示，也就是以**相册**（Album）的形式展示。对摄影有所了解的朋友都会知道，摄影大致可以分为风光摄影、人像摄影等。为了使 Filmy 能够适用于大部分摄影爱好者，我们也将**分类**（Category）的概念设置到 Filmy 中，如图 4.1 所示。

照片单位的意义在于，忽略照片单位的概念而直接将照片按顺序存储在相册内，那么对于只有一张照片的相册则直接以一张照片存储在相册内即可。

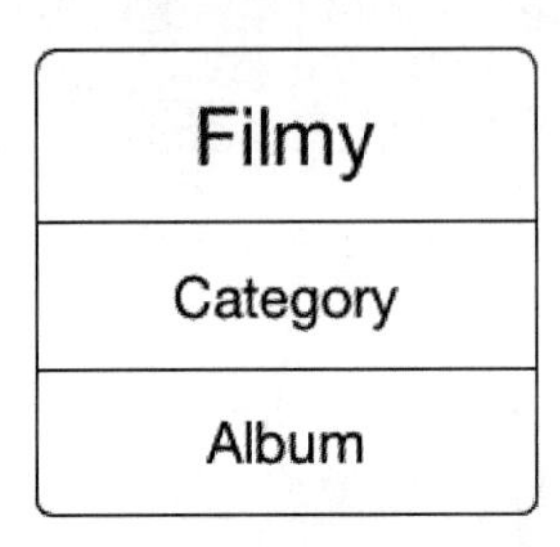

图 4.1　数据分级

4.1.2 数据结构

确定了大部分的数据结构层次以后，就需要对其中的详细数据进行编排了。其中包括 Filmy 的核心数据、分类数据、相册数据及其衍生的周边数据。

4.1.2.1 核心数据

因为我希望 Filmy 是一个通用的、可自行部署、可二次开发的个人摄影网站产品，所以无论是对 Filmy 的应用实例所展示的标题、介绍等都应该是可以配置的。那么我们可以根据需要，先假设一下可能需要用到的数据，如表 4.1 所示。

表 4.1　核心数据

名　称	标　题	类　型	含　义
`title`	网站标题	`String`	作为网站中所有出现需要标明网站主题的标识
`description`	网站介绍	`String`	作为网站的副标题或介绍内容
`author`	作者名	`String`	网站中作品的创作者的名字
`avatar`	头像	`String`	网站中需要展示的作者头像图片地址，可以如 Gravatar 等头像服务

这些是目前我们可以预见需要用到的核心数据，在后面的开发过程中也可能会因为业务开

发的需要进行补充和修改。

示例数据如下。

```
{
  "title": "Lifemap Gallery",
  "description": "Photographing, Coding and Loving",
  "author": "Will Wen Gunn",
  "avatar": "https://secure.gravatar.com/avatar/91068f45b6edbe91019c8b8bfb5e0877"
}
```

4.1.2.2　分类数据

分类是作为网站主要目录的数据，我们可以大致地想象这个目录在网站首页通过并排的形式展示出来。然而对于一些没有很好摄影功底的访客来说，某些分类的标题可能会有些难以理解，比如“糖水”，这种情况便需要用一张**题图**（Cover）作为表达媒介。

分类同时也包含该分类之下的相册，而访客也可以通过网页地址（URL）直接到达各分类的页面上，那么就需要为分类定义一个可以作为 URL 中一个标识的名字（以纯 ASCII 字符组成，即英文字母、阿拉伯数字和英文格式的标点符号）。

可能会有一些摄影师像我一样，希望给分类定义一个副标题，所以我们也为分类加入一个字符串属性作为副标题，如表 4.2 所示。

表 4.2　分类数据

名　称	标　题	类　型	含　义
title	分类标题	String	当前分类的标题
name	分类名称	String	作为分类在特定场景下的唯一标识
subtitle	分类副标题	String	分类的副标题或介绍
cover	分类题图	String	分类题图的链接（URL）

示例数据如下。

```
{
  "title": "旅行",
  "name": "travel",
  "subtitle": "On the way, on the trip",
  "cover": "http://example.com/cover.jpg"
}
```

4.1.2.3　相册数据

在分类下面的便是相册，相册数据除了包括相册的标题、介绍以外，还需要存储照片的数据。虽然有的摄影师会为每一个相册定义一些元数据，比如标签等，但是出于产品的简洁性考虑，我们并不会在相册内存储这些数据。相册数据如表 4.3 所示。

表 4.3　相册数据

名　称	标　题	类　型	含　义
title	相册标题	String	相册的主标题
content	正文	String	相册的正文内容
category	分类标识	String	该相册的对应分类
created_at	创建时间	Number	相册的创建时间
photos	照片	Array[Photo]	相册的照片

其中，我们使用了 Array 而不是 Set 来作为照片的存储容器，因为在摄影领域一组照片是可以包含其顺序的，也就是说在展示的时候同样需要保持其顺序，使用 Set 会破坏其顺序。

虽然我们在前面说在相册内忽略照片自身的数据，但是出于架构搭建的可靠性和完整性考虑，我们依然需要给照片定义一个数据结构，以便在业务开发中使用和扩展，如表 4.4 所示。

表 4.4　照片数据

名　称	标　题	类　型	含　义
url	URL 地址	String	照片的真实 URL 地址
exif	EXIF 信息	Object	照片的 EXIF 信息

4.1.3　数据搜索

确定了数据分级后，我们就需要知道哪一些数据是可以被搜索到的，哪一些数据是需要建立搜索索引以加快检索速度的。

4.1.3.1　搜索分类

对于一些摄影师来说，很可能会有许多种类的作品，那么就需要建立许多个分类来展示照片，因此分类搜索的功能必不可少。搜索分类时只需要对分类的标题进行索引建立即可，因为分类的介绍是可选的，对其建立索引并不实际。

4.1.3.2　搜索相册

相册作为 Filmy 的最基本数据结构，对其进行搜索的支持自然是最基本的。当然，当用户在分类页面中时，对于相册的搜索行为自然是希望对于当前分类进行搜索的，所以需要做到组合搜索。

4.1.4　界面原型规划

完成了数据结构和存储的设计后，便可以开始利用所定下来的数据内容进行界面设计了。

4.1.4.1　着陆页面

对于个人站点来说，打开的着陆页面（Landing Page）大多是希望以大标题和明显的大图片来标明独立性和独特性的，清晰地表达当前页面是“我”的个人网站。那么就如很多个人博客软件一样，Filmy 的 Landing Page 也会采用一个充满屏幕的封面图片以及突出的大标题来进行排版，以突出作者的个人特性。

为了可以提高 Filmy 的适用性，我们决定将其实现为一个自适应的页面，使其可以自动适配桌面设备（PC 和 Mac）和移动设备（智能手机和平板电脑）的界面，原型设计如图 4.2 所示。

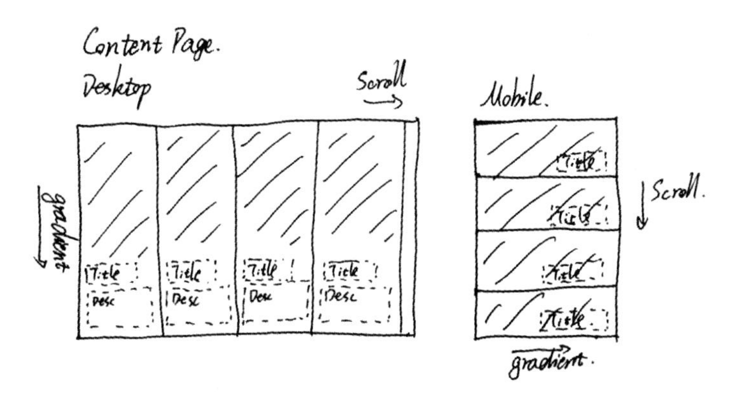

图 4.2　着陆页面原型设计

4.1.4.2　分类目录页面

在用户从着陆页面往下滚动或滑动后，就会看到分类页面，分类页面就如上面所说，会包含一张题图来直观地表达其主要内容。而分类与分类之间的关系是平等的，所以在设计上我们也需要以平铺排列的方式进行排版。

对于不同的设备来说，最适合的操作模式也是不一样的，所以在桌面设备和平板电脑中，分类的排版方式会以纵向显示、横向排列的方式展示；而对于本身就是纵向显示的智能手机设备来说，以横向显示、纵向排列的展示方式反而更加适合。原型设计如图 4.3 所示。

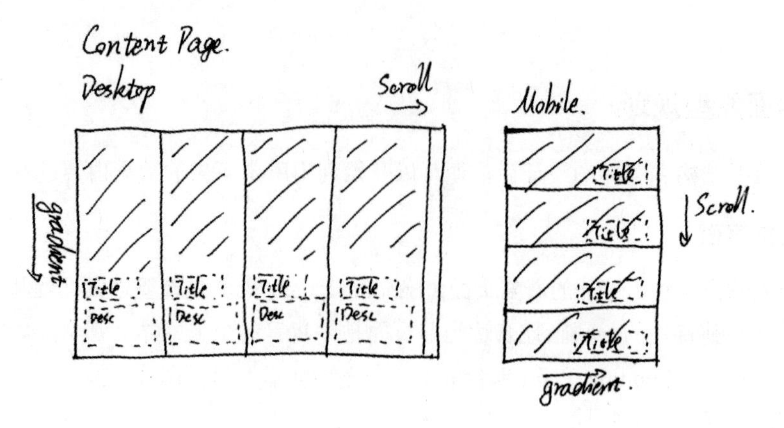

图 4.3　分类目录页面原型设计

4.1.4.3　分类内容页面

用户点击某一个分类后，便会进入相应的分类页面中。因为对于某些摄影师来说，很有可能大多数作品都会集中在某一个或数个分类中，那么便会造成这些分类页面的相册会比较多。为了使页面空间能够得到充分利用，这里我们将桌面端的设计和移动端的设计做一些差别较大的改变，原型设计如图 4.4 所示。

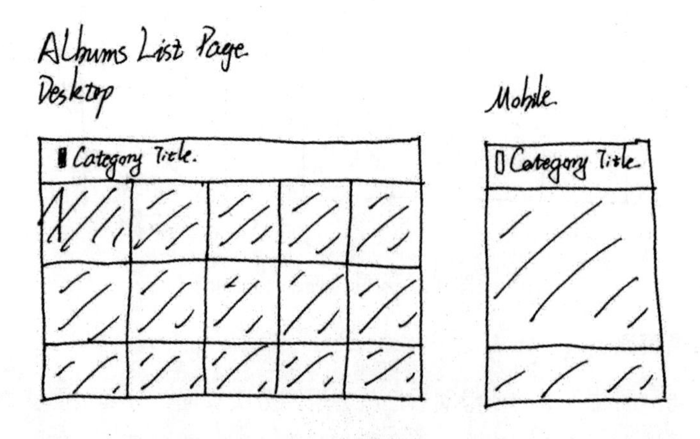

图 4.4　分类内容页面原型设计

4.1.4.4　相册页面

相册是 Filmy 中最为重要的数据，那么对应的相册页面也是体现 Filmy 特点的重要窗口。因为图片可以说是摄影网站的血液，所以图片的展示成为了决定该网站浏览体验的一大重要指标，原型设计如图 4.5 所示。

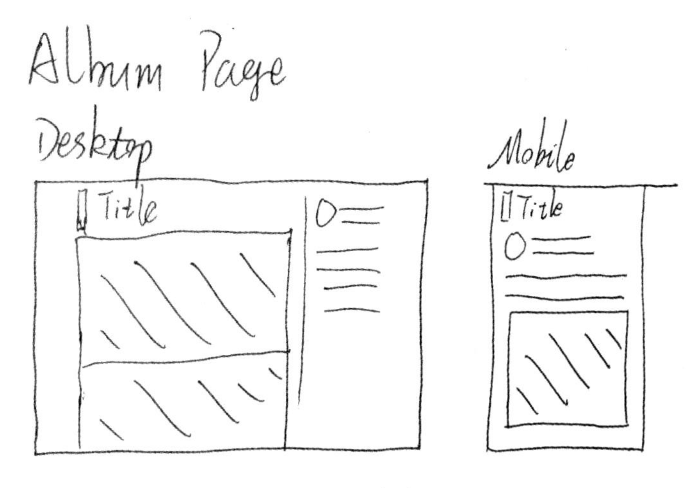

图 4.5　相册页面原型设计

4.2　功能组件分割

完成了对 Filmy 的数据结构设计和界面原型设计后，便可以根据这两部分的设计结果进行一个功能组件的分割了。

功能组件分割是产品开发中非常重要的一个环节，对于大型项目来说，功能组件分割的精准度和组件之间的解耦程度决定了往后的开发过程中对详细业务功能的开发是否能够顺利进行。一旦功能组件分割不够精准或组件之间仍然存在非常强的耦合度（即组件间的强依赖关系），便有可能出现功能混淆、大量的冗余代码甚至开发进度停滞等现象。

因此，对产品的功能组件进行分割十分重要，也是考验工程师对产品自身和技术之间的关系的理解是否到位和准确的重要标准。

4.2.1　根组件分割

根据之前的界面原型设计，可以大致地将整个系统分为四个大块：着陆页面（Landing Page）、目录页面（Content Page）、分类页面（Category Page）和相册页面（Album Page），如图 4.6 所示。

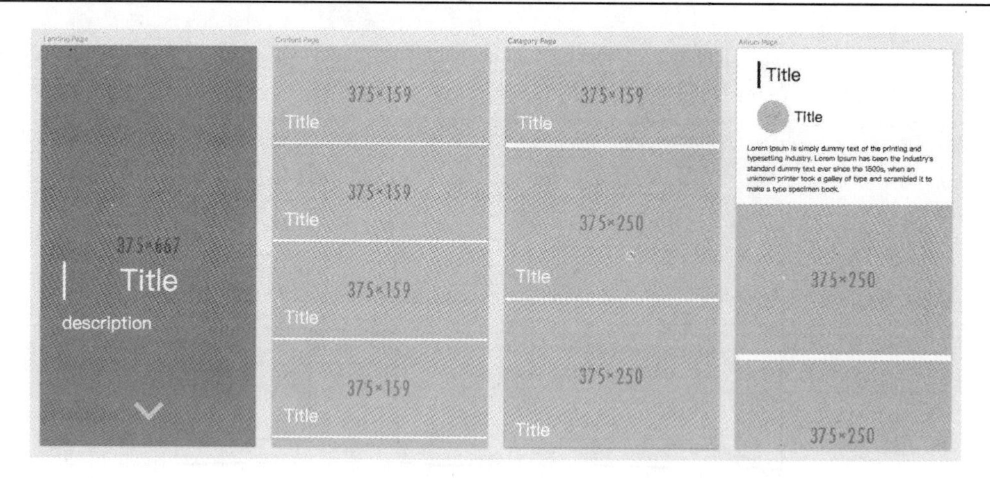

图 4.6　根组件

图 4.7 所示的结构可以用来表示这四个页面的关系，接下来逐一进行详细的组件规划。

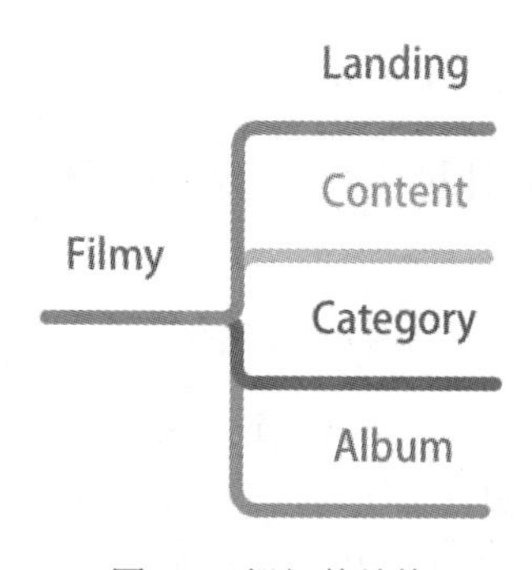

图 4.7　根组件结构

4.2.2　着陆页面

着陆页面是访客进入网站时映入眼帘的页面，不过从我们的原型设计上看，着陆页面的内容也并不是很多，主要还是一些静态（固定内容）的元素。那么我们就只需要将这些内容放在着陆页面这一个组件内即可，而不需要再将它们作为子组件来规划，尽可能让代码结构变得简单而直观。

4.2.3　目录页面

目录页面包含了网站中所有的作品所对应的分类，而这些分类都具有各自的标题和背景图，如图 4.8 所示。我们遵循组件化开发中的一个原则——如果列表中的元素存在动态交互，便尽可能将元素做成一个独立的组件。这个原则在 iOS、Android 等原生移动应用的开发中得到了大量的应用。

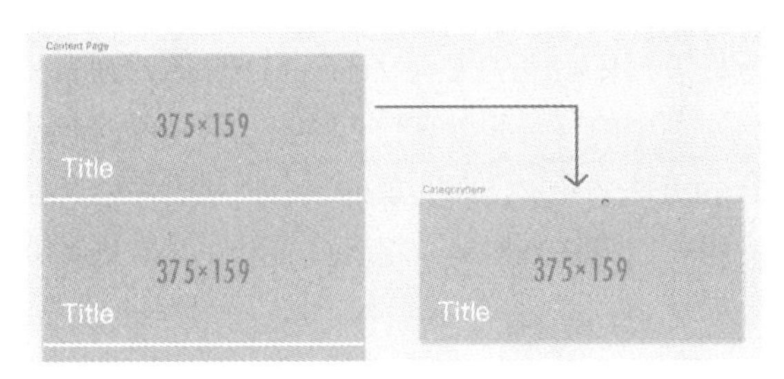

图 4.8　目录中的分类组件

4.2.4　分类页面

分类页面与目录页面的结构相似，都是以排列为主。分类页面中含有以下两个部分的内容：第一个部分是该分类的顶部栏，这个顶部栏对应的是在目录页面中的相应分类元素，并可以对其进行一些样式上的修改；而第二个部分则是该分类中的相册列表，与目录页面中的分类元素一样，这里的相册元素也要求尽可能简洁且直观地表达其主要内容。图 4.9 为分类页面的组件结构。

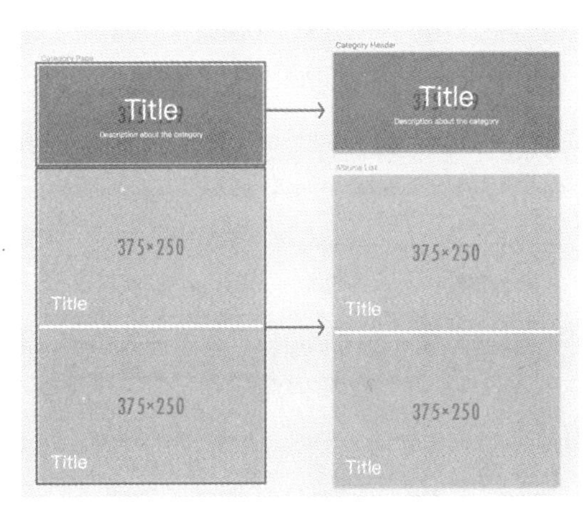

图 4.9　分类页面的组件结构

4.2.5　相册页面

用户在分类页面中点击某一个相册的元素后，应该进入该相册的页面中，而这个页面在原型设计上与其他页面有一些区别。相册页面在移动端设备上的排版设计与在桌面端设备上的排版设计在内容顺序和样式上有一定的差别，所以为了能够更好地将其进行分割，暂且先将其内容进行组件化分割。

相册页面可以分为标题（Title）、信息栏（Meta Info）和照片列表（Photos List）。但由于标题在移动端页面和桌面端页面中的位置并没有什么改变，所以可以通过非组件的方式解决，因此我们暂且不将标题栏作为组件来开发，而其余的信息栏和照片列表因为需要在两种视图模式中进行切换，所以需要各自作为组件来构建。相册页面组件群如图 4.10 所示。

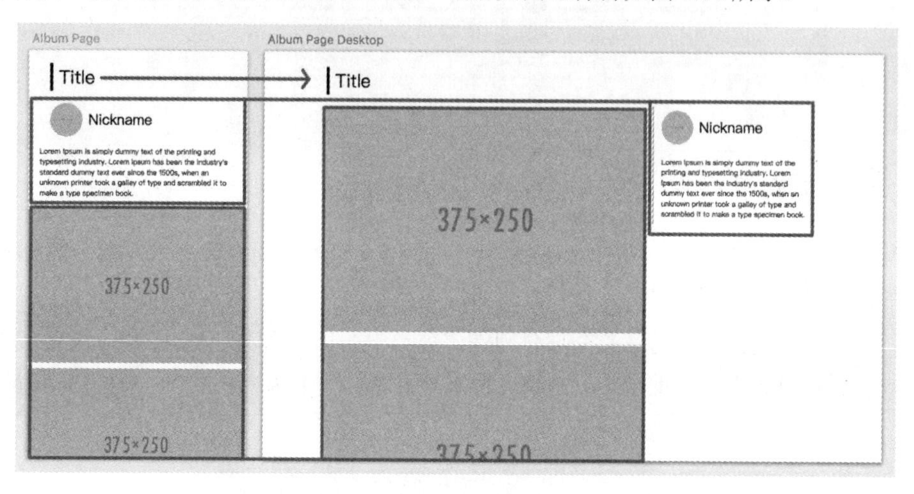

图 4.10　相册页面的组件群

完成了对页面的组件规划后，可以看到目前已完成指定的组件结构，如图 4.11 所示。

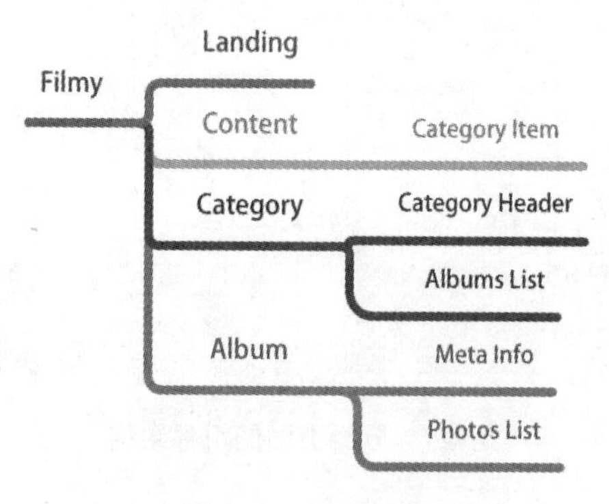

图 4.11　组件结构

4.3 技术选型

完成了对 Filmy 的数据设计、界面设计和功能分割后，便可以根据产品实际的设计和需要进行相应的技术选型了。技术选型是产品开发过程中非常重要的一环，会影响到产品的前中期开发和更新迭代速度，一个好的技术选型可以让开发人员甚至用户都能有更好的体验。

4.3.1 整体架构

在整体架构上，Filmy 被定位为一个纯前端的应用，也就是说 Filmy 不会存在后端程序，所有的数据都会通过静态文件进行存储。Filmy 的整体架构图如图 4.12 所示。

为了使并不具备太多技术知识的摄影师也能使用 Filmy，我们同样需要为使用者提供一个具有图形用户界面（Graphical User Interface，GUI）的内容发布工具，这个界面可以设计成一个与 Filmy 服务于访客的网站部分相独立的、单独作为一个子系统存在的、通过修改或覆盖静态数据文件来进行 Filmy 数据更新的部分。

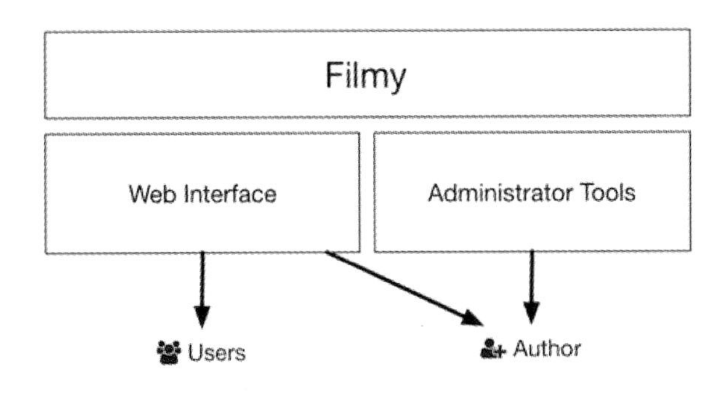

图 4.12　Filmy 整体架构图

4.3.2 数据层

在前端页面中，若要对数据进行存储、管理和搜索，我们可以采用图 4.13 所示的 MinDB[1]作为存储介质，并配合它的一个插件 min-model[2]来实现获取和搜索等数据操作。

[1]http://github.com/iwillwen/mindb

[2]https://github.com/MinDB/min-model

图 4.13　MinDB

因为并不需要顾虑太多 Filmy 的兼容性问题，所以可以直接使用 MinBD 默认使用的 Web Storage[3]作为存储接口。

Filmy 的数据层结构图如图 4.14 所示。

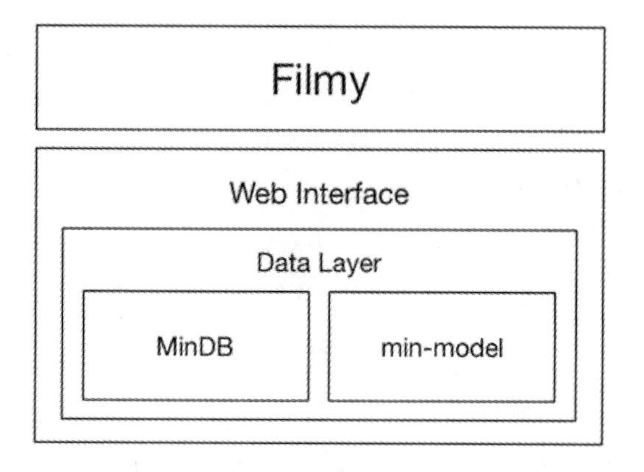

图 4.14　数据层

4.3.3　逻辑层及 UI 层

对于逻辑层和表现层，我们采用组件化的形式进行开发。出于简化代码逻辑和降低开发成本的原因，Filmy 开发采用 MVVM 架构的方式。第二章中提到的以下几种前端开发框架能同时满足上述两种需求，因此可以作为 Fimly 的开发框架。

- AngularJS
- React.js
- Vue.js

[3]https://developer.mozilla.org/en-US/docs/Web/API/Web_Storage_API

4.3.3.1 AngularJS

AngularJS 是由 Google 出品的前端开发框架，其标识如图 4.15 所示。

图 4.15　AngularJS

AngularJS 致力于以统一的模式和标准来完成页面与数据的动态化绑定和更新，并使开发者可以从抽象、复杂、繁琐的 DOM 操作中抽出身来，只需关注数据的绑定和变动响应规则即可。

但是由于 AngularJS 1.x 版本的设计范式是从类 Java 的设计范式出发的，所以其中有不少概念并不能被前端开发工程师所轻易接受。虽然该问题在 AngularJS 2 版本中有了改进，但是因为 AngularJS 2 是基于微软出品的 TypeScript（一种 JavaScript 的衍生语言），因此为了减轻大家的学习难度，并不选择 AngularJS 作为 Filmy 的主要开发框架。

4.3.3.2 React.js

React 是 Facebook 结合自身业务和开发范式所设计的前端用户界面开发框架，其标识如图 4.16 所示。

图 4.16　React.js

React 的开发理念在于，通过函数对状态（State）进行处理，并直接返回 UI 对象到表达层上。

React 借鉴了 Web Component 的开发模式，将一切都以组件的形式进行开发，致力于将绝大部分所用到的组件可重用化，以减轻开发压力，提高开发效率。

另外，React 还引入了一种名为虚拟 DOM（Virtual DOM）的技术，使绝大部分的 DOM 操作都先在这个虚拟的 DOM 操作中完成，再通过 Immutable.js[4]进行状态对比，将需要更新的 DOM 片段修改到真正的 DOM 上。

---

[4]http://facebook.github.io/immutable-js/

但是与 AngularJS 类似，React.js 能提供良好的开发体验的前提是，必须使用一种领域特定语言（Domain-specific language，DSL）——JSX[5]，这显然也并不符合本书的基本初衷。

4.3.3.3 Vue.js

Vue.js 是一个以简洁且轻量化为主要特点的前端 MVVM 开发框架，图 4.17 为其标识图。

图 4.17　Vue.js

Vue.js 使用了组件化开发的范式，组件之间可以做到高度解耦，数据的绑定、更新、动态界面等特性也一气呵成。

Vue.js 并没有抛弃 HTML 和 CSS 等基本的前端开发工具，而是通过这些大家最熟悉的开发工具，建立了一套完备的组件化开发套件，实现了非常好的弱依赖、符合开发习惯的组件开发体验。

从开发体验的角度上看，Vue.js 的定位和实际体验非常适合 Filmy，所以我们将 Vue.js 作为 Filmy 的基本开发框架，如图 4.18 所示。

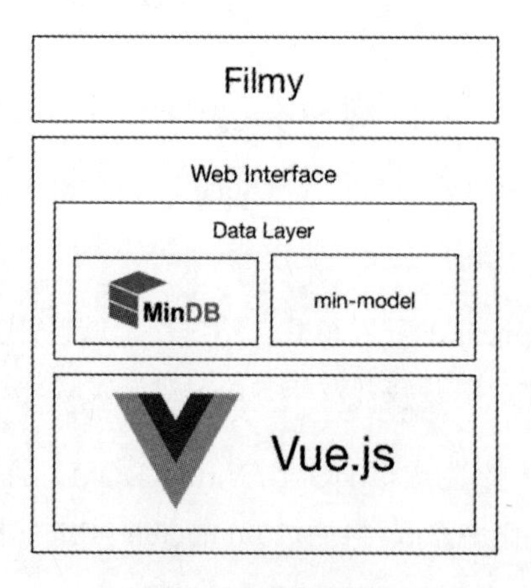

图 4.18　整体架构

[5]https://facebook.github.io/jsx/

面对访客的网页端架构大致上就设计完成了，而其中更深入的一些细节或需要引用的第三方库会在后面的内容中详细说明。别忘了我们除了给访客访问的网页端以外，还有一个给网站作者使用的发布端。

出于简化开发流程和代码结构的原因，我们在 Filmy 设计中采取了无后端的设计，而 Filmy 的数据将会存储在七牛云[6]所提供的云存储服务中。巧合的是，Filmy 的无后端设计可以使其程序直接存储在七牛云的服务中，这样看起来就像是 Filmy 直接运行在这个服务上一样。Filmy 的内容也可以直接通过七牛云所提供的 SDK（Software Development Kit）—— qiniu.js[7]来进行更新。绝大部分程序都会以静态文件的形式来运行，而一些涉及安全性或必须使用动态代码的需求则会通过灵活运用七牛云的服务特性得以实现。

4.3.4　程序架构

在数据层和表现层所采用的技术库都已经大致确定后，我们便可以进行代码架构的设计了。我们可以将代码大致分为以下几个部分：路由组件（Router）、视图组件（View）和数据层（Data Layer），如图 4.19 所示。

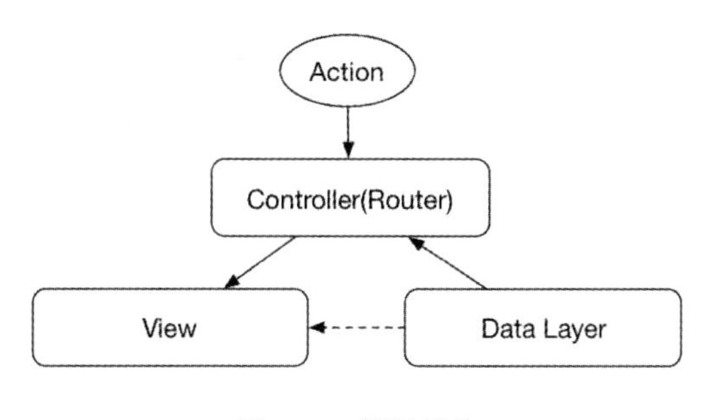

图 4.19　代码架构

4.3.4.1　路由组件

Filmy 是采用 SPA 的模式运行的，这就意味着所有的请求行为都会先以一个静态 HTML 文件（在一般情况下为 index.html）作为响应内容，而在这个文件中就带有我们 JavaScript 程序的入口文件或已经打包好的文件。逻辑代码中最先运行的便是对这些请求行为进行预处理的路由组件。路由组件要负责对用户当前所访问的 URL 进行分析，并引导到正确的路由响应器处，如图 4.20 所示。

---

[6]http://qiniu.com

[7]https://github.com/iwillwen/qiniu.js

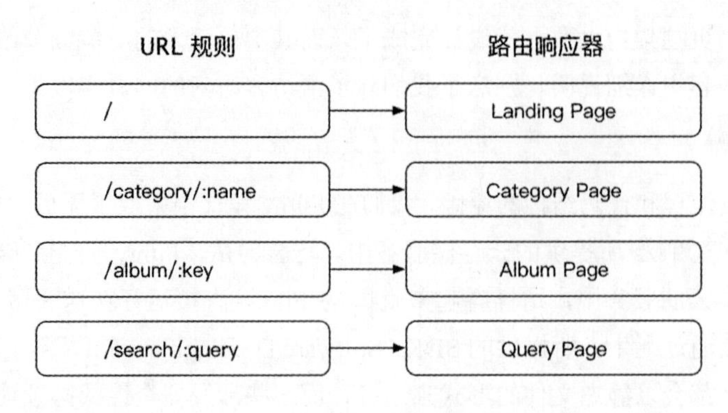

图 4.20　路由表

路由响应器获得访问行为后，便可以通过访问行为中的特定标签来感知用户的行为目的，比如访问哪一个分类或是哪一个相册。路由响应器明白了用户的行为目的后，便可根据感知结果对响应的数据进行读取。

4.3.4.2　数据组件

明白了用户希望看到的内容以后，便要对当前请求行为所需要用到的数据进行检索。在上一节中我们对 Filmy 的数据结构进行了大致设计，在访问用户的请求行为中我们可以通过路由组件的值来读取相对应的数据。

好比用户正在访问名为“风光”的分类页面，这个分类的标识符是 `views`，那么用户的 URL 则为：

```
http://filmy-exmaple.com/#!/category/views
```

通过这个 URL，路由组件可以得知用户正在访问标识符为 `views` 的分类页面，于是就需要用数据组件检索出该标识符相对应的分类数据，以及该分类中包含的的相册数据，如图 4.21 所示。数据组件完成数据检索后，便可以对获得的数据进行拼合，然后将其传递到视图组件中去进行界面渲染。

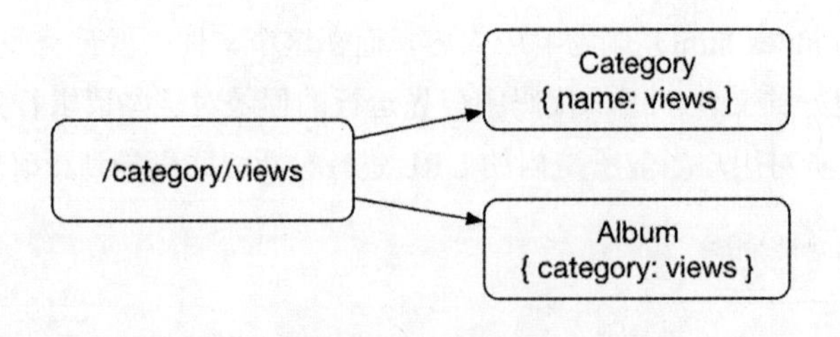

图 4.21　读取数据

4.3.4.3　视图组件

视图组件可以将以往一次性开发的大块视图模板以遵循组件化开发的原则拆分成一个个小组件。这些组件包含该组件所对应的视图表达（在前端领域中就是 HTML 与 CSS）以及逻辑代码（JavaScript）。

还是以访问名为“风光”的分类页面为例，在数据组件完成了数据的读取后，便可以将得到的数据传递到用于展示分类页面的视图组件中。在之前的页面原型设计中，分类页面需要展示该分类的封面及其相册的信息，如图 4.22 所示。

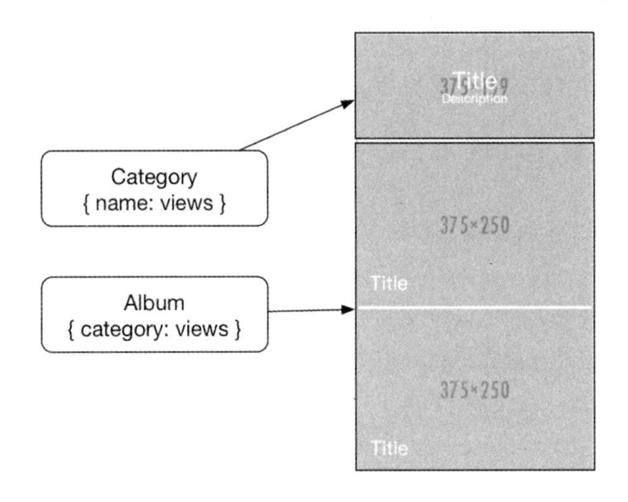

图 4.22　渲染视图

明白了 Filmy 整体架构的大致运行原理后，我们便可以开始进行详细的程序开发了。我们分别将路由组件、数据组件和视图组件存放到各自的文件夹中，一些必要的静态文件需要单独存放，所以最终的文件结构形式大致如下。

```
filmy
  |- src
  |   |- main.js          # 入口文件
  |   |- models           # 数据组件
  |   |- components        # 视图组件
  |   |- router-components # 路由组件
  |   |- libs             # 必要的工具
  |- assets               # 静态文件
  |- build.js             # 打包好的文件
```

4.4　数据层开发

对于大部分应用来说，无论是设计或是开发，首要任务都是理解应用的需求，即理解其中所需要的数据结构及操作模式。所以在前面对 Filmy 的功能规划中，首先对 Filmy 的数据结构进行了设计。那么，来到实施阶段，便需要利用技术选型中所选择的相应技术对我们所设计的数据结构进行开发了。

在技术选型中，我们选择了 MinDB 作为 Filmy 的数据层开发工具。MinDB 是一个完全基于 JavaScript 开发的数据库接口层，通过与一个数据存储层进行对接，可以实现 JavaScript 应用中的复杂数据开发。但是 MinDB 自身所提供的是一些非常简易的数据结构和相应接口，意在为开发者提供可高度自定义的数据开发体验。而对于 Filmy 来说，过于自由而零散的使用体验反而会影响代码的质量，所以我们采用 MinDB 所提供的一个更为高级（Higher-layer）的开发组件 min-model 进行数据层开发。这个组件通过对 MinDB 的数据结构和操作 API 进行封装，为开发者提供更为完善而直观的开发体验。

MinDB 在浏览器环境下默认会将数据存储在浏览器所提供的 Web Storage API 中，当然根据 MinDB 的设计，开发者也是可以通过自定义其所使用的存储接口来更改数据的存储方式。此外，当一个新的访客来到一个基于 Filmy 的网站时，在他的浏览器中是不存在任何缓存数据的，那么程序就需要先从指定的地方获取最新的数据以展示内容。这里我们利用七牛云为 Filmy 提供云端数据存储服务，除了将图片等静态的非结构化数据存储在云端以外，还会将数据库中的结构化数据放在云端，当 Filmy 的数据层程序发现数据库中不存在数据时，便会通过七牛的 JavaScript SDK 将数据拉取下来同时合并到数据库中，进而展示到页面中。数据来源如图 4.23 所示。

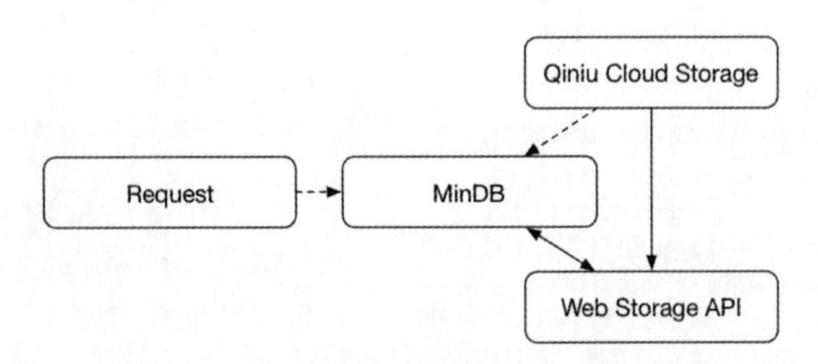

图 4.23　数据来源

4.4.1　安装依赖

在数据层的开发中，需要将 MinDB、min-model 和七牛的 JavaScript SDK 安装到开发环境中。这里使用目前在 Node.js 社区和 JavaScript 社区中最为流行的第三方模块管理工具 NPM 来安装和管理 Filmy 的第三方依赖。

```
$ npm install min min-model qiniu.js lodash --save-dev
```

使用`--save-dev`这个选项是为了避免普通用户在安装 Filmy 时下载一些开发时才会用到的依赖，导致占用太多的存储空间。

安装好以后，便可以在 Node.js 环境中加载这些依赖库了。

```
import min from 'min'
import Model from 'min-model'
import qiniu from 'qiniu.js'
```

4.4.2　配置七牛 JavaScript SDK

在配置七牛的 JavaScript SDK 之前，需要先注册一个七牛云的账号，只需要在七牛云的官方网站（http://qiniu.com）上按照提示进行注册即可。七牛云默认会为每一个账号提供一对密钥（Access Key 和 Secret Key），在进行数据更新的时候需要用到这对密钥作为权限凭证。因为 Filmy 的生产环节程序是全静态且可被下载的，所以这些涉及安全性的数据不能作为硬代码（Hard Code）被写死在程序中，利用七牛所提供的云存储服务中的一些特性可以实现这个安全性需求。

首先将上面安装好的七牛 JavaScript SDK 引入到程序中来。

```
import qiniu from 'qiniu.js'
```

然后在七牛的开发者平台上新建一个名为`filmy`的数据桶（Bucket），这个 Bucket 将会作为 Filmy 的主要数据存储空间。完成 Bucket 的创建后，便可以在程序中将这个 Bucket 引入进来了。与此同时，七牛还会为每一个 Bucket 提供一个 URL 作为其访问地址（这个地址可以被更改），我们需要将这个地址作为配置传到七牛的 JavaScript SDK 中。此外，为了让这个地址既可以自动补全也可以手动配置，需要通过一个逻辑来得到真正的七牛 Bucket 地址。因为后面会直接使用七牛云作为 Filmy 的存储空间，所以可以大胆地假设某一个 Filmy 网站所访问的地址就是所对应七牛云的 Bucket 地址。当然我们也可以通过在`index.html`中允许定制一个 URL 来作为七牛云的 Bucket 地址的方式，优先让用户进行配置。因为这里的代码我们无法保证访问用户的浏览器可以支持 ES2015 的语法，所以我们还是使用`var`来进行变量定义。

```
<script>
  // replace null to a string which will be
  // the QiniuCloud Service Bucket's URL
  // Example: http://example.bkt.clouddn.com
  var qiniuBucketUrl = null
</script>
```

这样再进行判断，便能得到所对应七牛云的 Bucket URL。

```
const filmyBucket = qiniu.bucket('filmy', {
  url: (qiniuBucketUrl ? qiniuBucketUrl : `${location.protocol}//${location.host}`)
})
```

另外，对于数据更新时所用到的上传凭证，需要利用七牛所提供的密钥作为基础，经过加密得到。七牛存储空间内容对外有隐秘性，即不知道文件所对应的键的情况下，即便是公开的 Bucket 也是无法获得其数据的。这里我们可以根据这个特性，利用一个 JSON 文件将密钥存储起来，并将其文件名以如下形式进行命名。

```
secret-<password>.json
```

这样就利用一串只有该七牛账户的拥有者才知道的密码作为文件名中的标识了，通过七牛开发者平台中的工具将其上传到之前创建的 `filmy` Bucket 中，而这里七牛会默认将文件名当做是该文件的键。这样若需要用到密钥的时候，就要求操作者输入密码，程序检查七牛的 Bucket 是否包含使用该密码作为标识的文件，如果有才会将其数据获取并取得其中的密钥。这个密钥文件可以用如下形式存储。

```
{
  "ak": "<ACCESS KEY>",
  "sk": "<SECRET KEY>"
}
```

取得密钥以后，需要进行 HMAC-SHA1** 加密，而这个加密的过程需要依赖一个加密库。

```
$ npm install crypto-browserify --save-dev
```

其中详细的加密算法这里不再作解释，具体过程请浏览七牛云官方的开发文档。获取七牛云上传凭证[8]的函数可以作为 `filmyBucket` 的一个新增方法，已将其随着 `filmyBucket` 一起带出模块。

这种对密钥的处理方式是因为在本项目中存在极端的需求，在实际生产项目中**请勿**采用。

```
// 代码清单: src/models/qiniu-bucket.js
import qiniu from 'qiniu.js'
```

[8]http://developer.qiniu.com/article/developer/security/upload-token.html

```
import crypto from 'crypto-browserify'

const filmyBucket = qiniu.bucket('filmy', {
  url: (qiniuBucketUrl ? qiniuBucketUrl : `${location.protocol}//${location.host}`)
})

function getKeys(password) {
  return filmyBucket.getFile(`secret-${password}.json`)
    .then(body => JSON.parse(body))
}

filmyBucket.fetchPutToken = function(password, keys = null, returnBody = null) {
  return (keys ? Promise.resolve(keys) : getKeys(password))
    .then(keys => {
      const options = {
        scope: 'filmy',
        deadline: Math.floor(Date.now() / 1000) + 3600,
        insertOnly: 1
      }

      if (returnBody) options.returnBody = returnBody

      // Signture
      const signture = safeEncode(JSON.stringify(options))

      // Encode Digest
      const encodeDigest = encodeSign(signture, keys.sk)

      // Put token
      const token = `${keys.ak}:${encodeDigest}:${signture}`

      return token
    })
}

function safeEncode(str) {
  return btoa(str).replace(/\//g, '_').replace(/\+/g, '-')
}

function encodeSign(str, key) {
  return crypto
    .createHmac('sha1', key)
    .update(str)
    .digest('base64')
    .replace(/\//g, '_')
    .replace(/\+/g, '-')
}
```

```
export default filmyBucket
```

4.4.3 核心配置数据

核心配置数据就如网站的基础设置一样，其中包含了网站的标题等元数据信息，这些信息需要在网站中的各个角落被显示，如表 4.5 所示。由于在核心配置数据的设计[9]中，其结构是只有一层的字典结构，所以并不需要利用 min-model 的功能来对核心配置数据进行存储和操作，直接使用 MinDB 中的哈希表（Hash）结构进行存储即可。

表 4.5 核心配置数据

名　称	标　题	类　型	含　义
title	网站标题	String	该标题会作为网站中所有会出现需要标明网站主题的标识
description	网站介绍	String	作为网站的副标题或介绍内容
author	作者名	String	网站中作品的创作者的名字
avatar	头像	String	网站中需要展示的作者头像图片地址，可以如 Gravatar 等头像服务

4.4.3.1 获取核心配置数据

先从 `qiniu-bucket.js` 中获取刚才创建的七牛存储 Bucket。

```
import filmyBucket from './qiniu-bucket.js'
```

根据数据源特性，程序需遵循以下几个步骤：

1. 先检查在数据库中是否已有已缓存的数据。

2. 如果数据库中没有数据，要从七牛云中获取最新数据。

3. 将从七牛云获取的最新数据存入数据库中。

其中存储在七牛云中的数据会以 JSON 文件的形式保存，所以通过七牛的 JavaScript SDK 获取到的文本数据需要通过 `JSON.parse` 来进行解析。在取得数据后可以通过 `min.hmset` 方法将数据存储在 MinDB 中。

```
// 加载 MinDB
import min from 'min'

const Config = {
  load() {
```

[9]见 4.1 节

```
    return min.exists('filmy:config')
      .then(exists => {
        if (exists) {
          // 从数据库中获取核心配置数据
          return min.hgetall('filmy:config')
        } else {
          // 从七牛云获取数据
          return filmyBucket.getFile('config.json')
            .then(body => JSON.parse(body))
            .then(data => {
              ready = true

              // 将从七牛获取到的数据存入数据库中
              min.hmset('filmy:config', data)
              return data
            })
        }
      })
      .catch(error => {
        alert('You must init Filmy with the administrator tools.')
      })
  }
}
```

4.4.3.2 更新配置数据

在核心配置数据尚未初始化的时候，网站拥有者需要利用 Filmy 所提供的管理工具对网站进行初始化。而在这过程中自然需要对核心配置数据进行更新，这就需要用到前面设计的上传凭证了。这里需要管理员提供管理密码，以获得存储在七牛云中的密钥数据。出于开发效率考虑，我们需要使用 LoDash 这个工具库来完成一些类型判定的工作。

```
$ npm install lodash --save-dev
```

先利用 LoDash 的 `isString` 方法对更新方法所传入的 `password` 变量进行检查，确认其是否为一个字符串，如果不是便抛出类型错误。然后通过前面获取的密钥来生成一个上传凭证，并将新的配置数据再通过 `JSON.stringify` 进行序列化。因为七牛的 JavaScript SDK 默认情况下是通过 JavaScript 中的 File 对象进行文件数据上传的，而不是单纯的文本数据上传。当然我们可以稍微变通一下，在 JavaScript 中，File 对象是继承于 Blob 对象的，这个可以说是一个用于存储二进制数据的变量类型。File 对象与 Blob 对象的区别在于，File 对象相比 Blob 对象多了一个 `name` 属性，即文件名。Blob 对象是可以进行手动构建的，那么这就意味着可以将通过 `JSON.stringify` 序列化的数据包装成一个 Blob 对象，并加上 `name` 属性来“伪装”成 File 对象，以通过七牛 JavaScript SDK 上传到七牛云中。

```
import { isString } from 'lodash'
```

```
// ...

update(password, key, value) {
  // 检查密码的变量类型
  if (!isString(password)) {
    throw new TypeError('Password must be a string')
  }

  // 通过密码获取密钥
  return filmyBucket.fetchPutToken(password)
    .then(putToken => {
      // 加载旧的配置数据
      return load()
        .then(oldConfig => [ oldConfig, putToken ])
        // 如果未初始化，就传递一个空的对象
        .catch(() => [ {}, putToken ])
    })
    .then(([ config, putToken ]) => {
      if (isPlainObject(key)) {
        for (const _key of Object.keys(key)) {
          config[_key] = key[_key]
        }
      } else if (isString(key) && isString(value)) {
        config[key] = value
      }

      // 更新数据
      const fileData = new Blob([ JSON.stringify(config) ], { type: 'application/json' })
      fileData.name = 'config.json'

      return filmyBucket.putFile(
        fileData.name,
        fileData,
        {
          putToken: putToken
        }
      )
    })
}
```

这里我们可以发现，使用一个 ES2015 中的解构特性可以实现多个结果在 Promise 链中进行传递。当然，如果你觉得串行的操作方法浪费了程序的运行时间，也可以使用 `Promise.all` 来实现这一部分的并行请求。

```
Promise.all([
  filmyBucket.fetchPutToken(password),
  load().catch(() => {})
```

```
])
  .then(([ config, putToken ]) => {
    // ...
  })
```

完成了用于更新的核心配置数据的代码后，这个用于操作核心的配置数据层便完成了，此后无论是用于访客登陆的主要页面，或是用于管理员进行管理操作的管理工具，都可以直接通过使用这个数据层来进行数据操作了。

```
// 代码清单：src/models/Config.js
import min from 'min'
import isString from 'lodash/isString'
import filmyBucket from './qiniu-bucket'

const Config = {
  load() {
    return min.exists('filmy:config')
      .then(exists => {
        if (exists) {
          // 从数据库中获取核心配置数据
          return min.hgetall('filmy:config')
        } else {
          // 从七牛云获取数据
          return filmyBucket.getFile('config.json')
            .then(body => JSON.parse(body))
            .then(data => {

              // 将从七牛获取到的数据存入数据库中
              min.hmset('filmy:config', data)
              return data
            })
        }
      })
      .catch(error => {
        alert('You must init Filmy with the administrator tools.')
      })
  },

  update(password, key, value) {
    // 检查密码的变量类型
    if (!isString(password)) {
      throw new TypeError('Password must be a string')
    }

    // 通过密码获取密钥
    return filmyBucket.fetchPutToken(password)
      .then(putToken => {
        // 加载旧的配置数据
```

```
        return Config.load()
          .then(oldConfig => [ oldConfig, putToken ])
          // 如果未初始化，就传递一个空的对象
          .catch(() => [ {}, putToken ])
      })
      .then(([ config, putToken ]) => {
        config[key] = value

        // 更新数据
        const fileData = new Blob([ JSON.stringify(config) ], { type: 'application/json' })
        fileData.name = 'config.json'

        return filmyBucket.putFile(
          fileData.name,
          fileData,
          {
            putToken: putToken
          }
        )
      })
  }
}

export default Config
```

4.4.4　分类数据

完成了核心配置数据层的开发以后，就要开始对内容数据进行开发了。在 Filmy 中，主要的内容数据是分类数据和相册数据，这里从数据层次更高的分类数据开发开始讲解。

分类数据与相册数据相比更为简单。从实际开发的角度来看，我们将分类数据和相册数据之间的关系设计为逆向的，即相册数据中带有对分类数据的标志，而分类数据中并没有对相册数据的存储，所以分类数据相对其他类型的数据来说是较为独立的。

因为分类数据是需要以复数形式存储的，所以直接使用 MinDB 来进行数据的存储和操作会显得烦琐而累赘。所以分类数据会采用 min-model 来进行数据操作，以便对分类数据建立数据索引和对数据进行快速检索，具体内容见表 4.6。

表 4.6　分类数据

名　称	标　题	类　型	含　义
title	分类标题	String	当前分类的标题
name	分类名称	String	作为分类在特定场景下的唯一标识
subtitle	分类副标题	String	分类的副标题或介绍
cover	分类题图	String	分类题图的链接（URL）

4.4.4.1　数据结构

前面已经安装好了所需要用到的依赖库，那么就可以直接将其引入并使用了。

```
import min from 'min'
import Model from 'min-model'
import filmyBucket from './qiniu-bucket'
```

因为对于 Filmy 的产品定位来说，不需要太过在意最终产品对运行环境的兼容性强度，所以只需要保证 Filmy 能够运行在主流的浏览器中即可。这里我们可以直接使用 MinDB 默认提供的基于 Web Storage API 的存储接口，并将 min-model 与其进行对接。

```
Model.use(min)
```

通过之前的数据结构设计，我们可以使用 min-model 来创建一个对应的分类数据 Model。min-model 需要为数据结构定义其中的栏目参数，默认情况下需要传入类型的构造函数作为该栏目的类型标识，当然也可以直接传入一个值作为这一栏目的默认值，min-model 会自动判断其应有的类型。因为 min-model 存在类型机制，所以其中 min-model 会对传入的参数进行检验，以保证数据的准确性。

```
const Category = Model.extend('category', {
  title: String,     // 标题
  name: String,      // 名称
  subtitle: String,  // 副标题
  cover: String      // 题图
})
```

min-model 提供了非常实用的数据操作方案，配合我们设计的数据源加载策略，也可以像核心配置数据一样，编写一个方法来实现本地数据库和七牛云的数据降级读取。与核心配置数据不一样的是，从七牛云获得的数据需要通过管理工具中的 min-model 所生成的底层数据再次导入，而并不是直接对 MinDB 中数据结构进行读取，因为 min-model 封装了 MinDB 中大量复杂的数据结构和逻辑操作，所以手动进行数据导入自然是不现实的。

min-model 会为每一个数据模型实例自动生成一个数据键 key（通过 instance.getCacheData()所获得的静态数据中则以_key 为属性键存储），默认情况下 min-model 所生成的数据模型构造函数都接受一个参数，即包含各栏目数据的对象字面量，但是同时也接受一种两个参数的使用方法 new Category(key, data)，这种方法的目的是手动为这个数据模型实例定义数据键。这就意味着可以通过在七牛云所保存的数据中加入已有的数据键，那么对于任何访客来说，数据键都会是相同的。

如相册数据那样，因为 Filmy 采用的是简单地通过 min-model 所生成的数据键来作为相册数据标识的方式，所以如果数据键不同意，访客是无法通过直接分享自己正在浏览的相册页面的 URL 地址来让朋友也进行浏览的。我们可以通过 Category.dump()方法将数据键作为一个属性值（_key）保存在七牛云的存储服务中。同样，从云端加载数据时，将其中的_key 属性作为已有的属性键传入到 Category 数据模型构造函数中，便可以让不同的访客所得到的整体数据都是相同的，也就意味着可以通过直接分享 URL 地址的方式来让朋友看到相同的页面，而不会导致出错。

```
let ready = false

Category.load = function() {
  // 从本地数据库中读取以存储的分类数据
  return Category.allInstances()
    .then(categories => {
      if (categories.length > 0) {
        // 如果本地数据库中已存在数据，就将其传递到下一个 Promise 对象中
        ready = true
        return categories
      } else {
        // 从七牛云加载最新数据
        return filmyBucket.getFile('categories.json')
          .then(body => JSON.parse(body))
      }
    })
    .then(categories => {
      return Promise.all(
        categories.map(category => {
          if (!ready) {
            // 将数据转换为 min-model 中的实例，并保存在数据库中
            return new Promise(resolve => {
              const _category = new Category(category._key, category)
              _category.once('ready', () => resolve(_category))
            })
          } else {
            return category)
```

```
        }
      })
    )
  })
  .catch(error => [])
}
```

此外，我们还需要将数据库的状态独立在数据层内，也就是说对于表现层和逻辑层来说，数据层的状态是唯一的。这就需要在数据层中增加一个隔离层，将数据层的状态处理封装在数据层内。如果数据尚未完成加载，就使用 Category.load()进行加载；如果已经加载就直接返回状态。

```
let ready = false

// ...

Category.loadIfNotInit = function() {
  if (!ready) {
    return Category.load()
  } else {
    return Promise.resolve()
  }
}
```

4.4.4.2 数据索引

在对 Filmy 进行功能设计的时候，我们提到过需要为 Filmy 提供搜索功能。分类数据是可以被搜索的，但是 min-model 自身并不具备对中文的检索功能。不过庆幸的是，min-model 支持使用自定义索引建立器，甚至连异步的操作也同样支持。考虑到国内用户对 Filmy 的使用需求，我们自然需要对中文内容进行索引建立，min-model 中提供的基础索引建立算法是倒序索引[10]（Inverted Index），只需要在这个基础索引建立器的基础上通过第三方的中文分词服务将中文内容处理成词汇数组即可。这里使用梁斌博士开发并对外提供的免费中文分词服务 PullWord[11]作为 Filmy 的中文分词服务。

中文分词服务的作用是可以将这样的一句话分割为以下词汇组：

```
[
  "中文", "中文分词", "服务", "作用", "可以",
  "这样", "分割", "以下", "词汇"
]
```

[10]https://zh.wikipedia.org/wiki/%E5%80%92%E6%8E%92%E7%B4%A2%E5%BC%95

[11]http://pullword.com/

根据这个结果，就可以利用 min-model 所提供的倒序索引，将中文分词所返回的词汇组作为索引键，将索引结果存储在数据库中了。索引原理如图 4.24 所示。

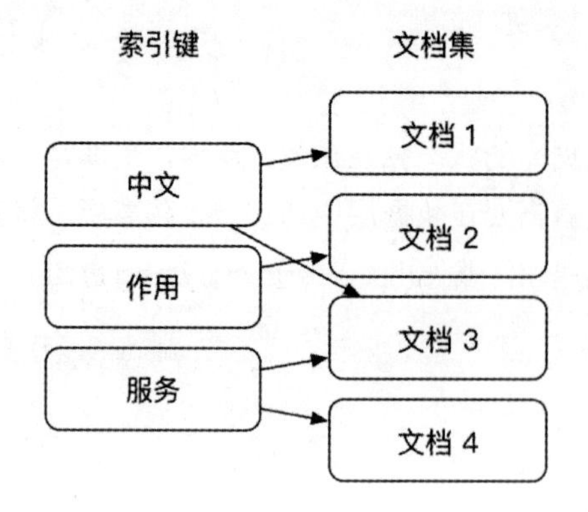

图 4.24　索引原理

异步的索引建立器需要在 `indexMapper` 方法中返回一个 Promise 对象，并使其在完成异步任务后，将结果返回。

```
// 代码清单：src/libs/chinese-string-indexer.js
import Model from 'min-model'

class ChineseStringIndexer extends Model.BaseIndexer {
  // 异步标识
  get async() { return true }

  // 索引建立
  indexMapper(val) {
    const                                        url                                        =
`http://pullword.leanapp.cn/get?source=${encodeURIComponent(val)}&threshold=0.5&json=
1`
    return fetch(url)
      .then(res => res.json())
      .catch(() => [ val ])
  }
}

export default ChineseStringIndexer
```

得到了这个用于为中文内容进行索引建立的索引建立器后，需要将它应用到 Model 中。

```
import ChineseStringIndexer from '../libs/chinese-string-indexer.js'

Category.setIndexerForColumn('title', ChineseStringIndexer)
```

这样，就可以为分类数据中需要进行搜索的数据建立索引了，索引设置完成后我们就可以

使用 `Category.search(column, query)` 来进行数据检索了。

```
Category.setIndex('title') // 标题，中文
Category.setIndex('name')  // 名称，英文
```

4.4.4.3　更新分类数据

在管理工具中，管理人员可以对分类数据进行操作，然后将更新后的数据同步到七牛云中。这个过程跟上面的核心数据配置一样，需要管理人员输入一个密码，然后通过这个密码获取数据上传凭证，并以凭证将最新的数据上传到七牛云的存储空间中。

```
Category.saveToCloud = function(password) {
  // 密码变量类型检查
  if (!isString(password)) {
    throw new TypeError('Password must be a string')
  }

  // 获取上传凭证
  return filmyBucket.fetchPutToken(password)
    .then(putToken => {
      return Category.dump()
        .then(data => [ data, putToken ])
    })
    .then(([ data, putToken ]) => {
      const fileData = new Blob([ JSON.stringify(data) ], { type: 'application/json' })
      fileData.name = 'categories.json'

      // 上传数据
      return filmyBucket.putFile(
        fileData.name,
        fileData,
        {
          putToken: putToken
        }
      )
    })
}
```

4.4.5　相册数据

相册数据与分类数据类似，不过在相册数据中存在一个用于表示某一个相册所从属的分类的标识。这里也可以直接参照分类数据的建立方式，将相册数据的数据层建立起来，如表 4.7 所示。

表 4.7　相册数据

名　称	标　题	类　型	含　义
title	相册标题	String	相册的主标题
content	正文	String	相册的正文内容
category	分类标识	String	该相册的对应分类
created_at	创建时间	Number	相册的创建时间
photos	照片	Array	相册的照片

这里将 created_at 一栏设定为 Number 的原因是，可以非常简单地通过比较这一栏的数值大小来对相册进行排序。

```
const Album = Model.extend('album', {
  title: String,        // 标题
  content: String,      // 文本内容
  category: String,     // 分类标识
  created_at: Number,   // 创建时间
  photos: Array         // 图片列表
})
```

4.4.5.1　数据加载

同样地，也可以直接参照分类数据中对数据进行加载部分的代码，对相册数据进行开发。

```
let ready = false

Album.load = function() {
  return Album.allInstances()
    .then(albums => {
      if (albums.length > 0) {
        ready = true
        return albums
      } else {
        return filmyBucket.getFile('albums.json')
          .then(body => JSON.parse(body))
      }
    })
    .then(albums => {
      return Promise.all(
        albums.map(album => {
          if (!ready) {
            return new Promise(resolve => {
              const _album = new Album(album._key, album)
              _album.once('ready', () => resolve(_album))
            })
          } else {
```

```
          return album
        }
      })
    )
  })
}

Album.loadIfNotInit = function() {
  if (!ready) {
    return Album.load()
  } else {
    return Promise.resolve()
  }
}
```

4.4.5.2 数据更新

数据上传方面也可以直接参照分类数据的上传方式。

```
Album.saveToCloud = function(password) {
  if (!isString(password)) {
    throw new TypeError('Password must be a string')
  }

  return Album.dump()
    .then(data => {
      return filmyBucket.fetchPutToken(password)
        .then(putToken => [ data, putToken ])
    })
    .then(([ data, putToken ]) => {
      const fileData = new Blob([ JSON.stringify(data) ], { type: 'application/json' })
      fileData.name = 'albums.json'

      return filmyBucket.putFile(
        fileData.name,
        fileData,
        {
          putToken: putToken
        }
      )
    })
}
```

4.4.5.3 数据检索

首先要对相册数据进行索引建立，如 4.1 节中所说的那样，用户可以通过一个关键词对相册的标题和文本内容进行全站搜索，也可以对指定的某分类进行搜索。所以我们需要对相册的标题和内容建立索引，而其中分类标识一栏并不需要建立索引，因为在 min-model 中未建立索引的栏目会采用完全匹配的方式进行搜索。

```
import ChineseStringIndexer from '../libs/chinese-string-indexer'

Album.setIndexerForColumn('title', ChineseStringIndexer)
Album.setIndexerForColumn('content', ChineseStringIndexer)
Album.setIndex('title')
Album.setIndex('content')
```

与分类数据不一样的是，相册数据是从属于分类数据的，而且在相册数据中也带有对分类数据的标志。在分类的页面中，也需要对某一分类下面的相册数据进行检索，所以我们要为相册数据增加一个以分类数据作为查询条件的接口。

```
Album.fetchByCategory = function(categoryName) {
  // 忽略数据库的状态
  return Album.loadIfNotInit()
    // 根据分类来检索相册
    .then(() => Album.search('category', categoryName))
    // 根据相册的创建时间进行排序
    .then(albums => albums.sort((a, b) => {
      return a.created_at < b.created_at
    }))
}
```

在实际的业务逻辑开发中，可以使用 Album.search 来进行自定义检索。比如在 Filmy 的登陆页中进行搜索的时候，会同时对分类（标题）和相册（标题、正文内容）进行搜索，而在分类页面中则是对该分类中的相册进行搜索。我们可以灵活运用 Promise 对象，以及 min-model 所提供的搜索功能，这些是可以串行组合的，比如搜索分类中的相册就可以组合搜索相册的 category 栏目、title 栏目和 content 栏目进行搜索。搜索步骤如下：

1. 先通过 category 栏检索。

2. 将上一步所得到的结果作为第三个参数传到 Album.search 中，便可以让 min-model 只在这个结果中进行搜索。

3. 分别搜索 title 和 content 栏目，并将结果合并起来（这里使用 LoDash 中的 uniq 方法将其中的重复项去除）。

```
import { uniq } from 'lodash'

Album.search('category', categoryName)
  .then(albums => Promise.all([
    Album.search('title', query, albums),
    Album.search('content', query, albums)
  ]))
```

```
  .then(([ a, b ]) => uniq(a.concat(b)))
  .then(result => {
    // ...
  })
```

到这里，Filmy 的数据层开发就完成了。接下来根据之前所设计的原型，来对 Filmy 的视图层和逻辑层进行详细的开发。

```
// 代码清单：src/models/Album.js
import min from 'min'
import Model from 'min-model'
import { isString } from 'lodash'
import filmyBucket from './qiniu-bucket'
import ChineseStringIndexer from '../libs/chinese-string-indexer'

Model.use(min)

const Album = Model.extend('album', {
  title: String,
  content: String,
  category: String,
  created_at: Number,
  photos: Array
})

Album.setIndexerForColumn('title', ChineseStringIndexer)
Album.setIndexerForColumn('content', ChineseStringIndexer)
Album.setIndex('title')
Album.setIndex('content')

let ready = false

Album.fetchByCategory = function(categoryName) {
  return Album.loadIfNotInit()
    .then(() => Album.search('category', categoryName))
    .then(albums => albums.sort((a, b) => {
      return a.created_at < b.created_at
    }))
}

Album.load = function() {
  return Album.allInstances()
    .then(albums => {
      if (albums.length > 0) {
        ready = true
        return albums
      } else {
        return filmyBucket.getFile('albums.json')
```

```
        .then(body => JSON.parse(body))
      }
    })
    .then(albums => {
      return Promise.all(
        albums.map(album => {
          if (!ready) {
            return new Promise(resolve => {
              const _album = new Album(album._key, album)
              _album.once('ready', () => resolve(_album))
            })
          } else {
            return album
          }
        })
      )
    })
}

Album.loadIfNotInit = function() {
  if (!ready) {
    return Album.load()
  } else {
    return Promise.resolve()
  }
}

Album.saveToCloud = function(password) {
  if (!isString(password)) {
    throw new TypeError('Password must be a string')
  }

  return Album.dump()
    .then(data => {
      return filmyBucket.fetchPutToken(password)
        .then(putToken => [ data, putToken ])
    })
    .then(([ data, putToken ]) => {
      const fileData = new Blob([ JSON.stringify(data) ], { type: 'application/json' })
      fileData.name = 'albums.json'

      return filmyBucket.putFile(
        fileData.name,
        fileData,
        {
          putToken: putToken
        }
      )
```

```
    })
}

export default Album
```

4.5　入口文件与路由组件开发

完成了 Filmy 的数据组件开发后，便可以根据之前设计好的 Filmy 功能规划进行路由组件划分了。Filmy 数据组件结构如图 4.25 所示。

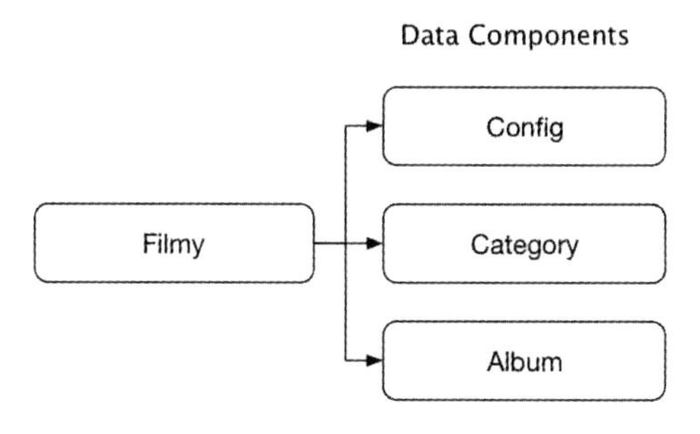

图 4.25　数据组件

我们可以根据数据组件的配置和原型设计来进行路由划分，具体可分为：着陆页面、分类页面、相册页面和搜索页面。根据原型设计中的页面内容设计，我们可以将它们与数据层进行组合和划分，如图 4.26 所示。

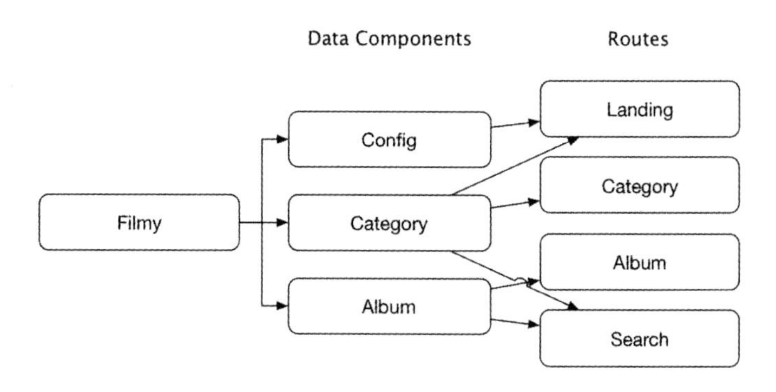

图 4.26　数据组件与路由组件的关系

在数据层开发中，我们已经对数据层的状态进行了隔离，也就是说在逻辑层中只需要关心数据层的操作即可，而不需要关心数据层的状态，这为逻辑开发提供了很多的便利。下面，我们将开始逐一研究如何开发路由组件中的业务逻辑。

4.5.1 路由基础组件

在开发各个路由组件的详细路由之前，需要先建立路由器的基础组件。这里需要使用 Vue.js 的官方路由组件 vue-router 来进行路由识别，以便后面能直接使用 Vue.js 所建立的组件作为路由响应器，并尽可能简化开发难度。

首先将需要的依赖库安装到本地开发环境中。

```
$ npm install vue vue-router --save-dev
```

然后建立一个用于作为路由内容容器的组件，其中需要包含一个`<router-view>`标签作为内容替换标志。

```
<!-- 代码清单：src/components/App.vue -->
<template>
  <router-view></router-view>
</template>
```

在 Filmy 的入口程序中，需要将这个容器与 vue-router 对接，使其能够在 Filmy 被访问时便开始可以作用。

```
import Vue from 'vue'
import VueRouter from 'vue-router'

Vue.use(VueRouter)

const router = new VueRouter()

// ...

router.start(App, '#app')
```

其中，`#app` 是在 Filmy 默认访问的 HTML 文件 `index.html` 中的一个 `id` 属性为 `app` 的元素，这个元素将会成为 Filmy 中所有元素的包含元素。`router` 对象是我们创建的路由器对象，我们需要通过这个对象来安排路由规则。

```
router.map({
  // ...
})
```

4.5.2 入口文件

除了路由组件以外，Filmy 的程序入口文件还需要做一些其他的工作。在 Vue.js 组块开发中，视图层与数据层的关系是以 MVVM 的方式相关联的。为了能够丰富 MVVM 的开发体验，

Vue.js 还为开发者提供了数据过滤器系统（Filter），例如 Vue.js 官方所演示的一个实例——将第三方 Markdown 解析库 marked 作为一个 Vue.js 组件所使用的过滤器。

```
<div id="app">
  <textarea v-model="content"></textarea>
  <div>{{{ content | marked }}}</div>
</div>

<script>
  import Vue from 'vue'
  import marked from 'marked'

  new Vue({
    el: '#app',

    data: { content: '' },

    filters: { marked }
  })
</script>
```

这里因为 `marked` 这个第三方库直接提供了一个同步的处理函数，即可以直接传入一个 Markdown 字符串并返回一个 HTML 字符串，所以可以直接作为 Vue.js 的过滤器。

而我们也需要为 Filmy 预定义一些过滤器，以便后面可以使用。

> MVVM（Model-view-viewmodel）是一种软件开发模式，最初由微软 WPF（Windows Presentation Foundation，Microsoft .NET 框架的一种视图系统）的开发人员提出。MVVM 意在使视图层与数据层通过一种叫视图模型（View model）的结构进行双向绑定，视图层可根据数据层所提供的数据和相应的模板自动进行渲染，当数据层发生变动时视图层所表现的内容也可以响应，而当用户通过视图层对一些可修改的数据表现内容进行修改时，相对应的数据层数据也会得到相对应的修改。而这一系列绑定中，并不需要开发者通过逻辑代码来对其进行干涉或处理。

4.5.2.1　简单的字符串处理

有时候可能需要为一些字符串进行简单的处理，比如大小写的改写。

`toUpperCase` 和 `toLowerCase`

在 ECMAScript 中，字符串本身就具备 `toUpperCase()` 方法和 `toLowerCase()` 方法，可以直接被使用作为 Vue.js 的过滤器。

```
Vue.filter('toUpperCase', str => str.toUpperCase())
Vue.filter('toLowerCase', str => str.toLowerCase())
```

人总是会出现小错误，比如在编写英文文案的时候，因为思维比较快速，导致有的时候某些句子的首字母并没有大写。作为“完美主义者”，我自然希望这份文案在展示给别人看的时候是没有这些低级错误的，那么便可以通过编写一个过滤器来修复这个问题。

```
Vue.filter('firstLetterUpperCase', str =>
  str
    .replace(/([.!?;]+)/g, '$1|-|-|')
    .split('|-|-|')
    .map(s => s.trim())
    .filter(Boolean)
    .map(s => s[0].toUpperCase() + s.slice(1))
    .reduce((a, b) => `${a} ${b}`)
)
```

4.5.2.2 多国语言处理

对于一些优秀的摄影师来说，自己的个人摄影网站通常需要招待来自于不同国家、地区的访客。有些访客有可能因为个人背景的原因并没有与网站主人共享同一种母语，所以为了给摄影师和访问用户提供便利，我们可以简单设计一个可以自动调节网站主要固定内容（如一些系统按钮的标题）的显示语言的功能，通常称之为 i18n（Internationalization and Localization）。

在访客所使用的浏览器中，JavaScript 程序可以通过浏览器所提供的 navigator.language 来得知当前访客所使用的操作系统的首选显示语言，这个只读常量会以 IETF 中 RFC 5646[12]标准所定义的语言标签的形式来表示当前操作系统的首选显示语言，如 en-US（英语-美国）或 zh-CN（中文-中国大陆）。

然而这里有一个问题——以中文为例，就有 zh-CN（中文-中国大陆）、zh-HK（中文-中国香港）和 zh-TW（中文-中国台湾）等形式。其中 zh 代表中文，后缀代表中文在不同地区中的不同形式。如简体中文（Simplified Chinese）为 zh-CN，而繁体中文（Traditional Chinese）则有 zh-HK 和 zh-TW 两种，它们之间除了存在一部分字形不相同以外，也会有许多不共用的词汇（如同义异词或同词异义）。对于一个大型项目来说，必须准确地对每一种语言及其各种形式进行适配，但是这对于 Filmy 来说显然是不必要的。

那么就需要简单地选择一个大概方向，进行多语言适配。我们可以为 Filmy 默认提供中文（只使用简体中文）和英文（以美国词汇为准）显示，当某些访客所使用的操作系统的首选显示

[12]http://tools.ietf.org/html/rfc5646

语言不是中文或英文时，就以英文展示。

在编写 i18n 过滤器的程序之前，需要先创建一个用于记录多语言适配内容的记录文件，出于方便我们还是采用 JSON 文件。

```
{
  "_default": "en",

  "back": {
    "en": "Back",
    "zh": "返回"
  },
  "home": {
    "en": "Home",
    "zh": "首页"
  },
  "category": {
    "en": "Category",
    "zh": "分类"
  },
  // ...
}
```

其中_default 属性用于表示这一份多国语言配置文件中的默认语言，而其余的属性则可以用来适配不同语言的配置。比如 home 这个适配选项，包含了、en（英文）和 zh（中文）两种适配结果。

虽然默认配置并没有对每一种中文或每一种英文进行适配，但是也不能排除其他 Filmy 用户希望能自行进行适配，那么我们便需要对完整的语言标签格式进行判断，当适配文件中不存在相对应的语言适配选项时，才对较为笼统的语言分类进行适配。

```
export function i18n(config) {
  // 当前访客所使用的操作系统中的首选显示语言
  const lang = navigator.language
  // 多国语言适配文件中的默认显示语言
  const defaultLang = config._default

  // 返回一个作为过滤器的函数
  return function(key, language = lang) {
    key = key.toLowerCase()

    // 检索适配标签
    const translations = config[key]

    // 如果适配配置中不存在
    // 则直接将输入的键值返回
```

```
    if (!translations) return key

    // 如果配置文件中存在对详细语言进行适配，则将适配内容返回
    if (translations[language]) return translations[language]

    // 配置文件中存在对语言的笼统分类进行适配
    language = language.split('-')[0]
    if (translations[language]) return translations[language]

    // 返回默认配置结果
    if (translations[defaultLang]) return translations[defaultLang]

    return key
  }
}
```

利用一个闭包函数将适配配置与过滤器函数分开，在使用过滤器的时候只需传入一个标签字符串即可。

```
// 引入配置文件
import config from './i18n.config.json'

export default i18n(config) // 返回使用默认配置数据的过滤器函数
```

在入口文件中，我们将其引入，并注册过滤器。

```
import i18n from './libs/i18n'

// ...

Vue.filter('i18n', i18n)
```

这样就可以在 Vue.js 的模板中使用了。

```
<span>{{ 'home' | i18n | toUpperCase }}</span>

<!-- Chinese -->
<span>首页</span>

<!-- English -->
<span>HOME</span>
```

4.6 着陆页面开发

着陆页面（Landing Page）是绝大部分访客登陆到 Filmy 中所看到的第一个页面，如 4.1 节中所说，对于个人站点来说，打开的着陆页面大多是希望以大标题和明显的大图片来标明独立

性和独特性，清晰地表达当前页面是“我”的个人网站。在原型设计中，着陆页面主要由顶部大图和分类目录两个部分组成，如图 4.27 所示。

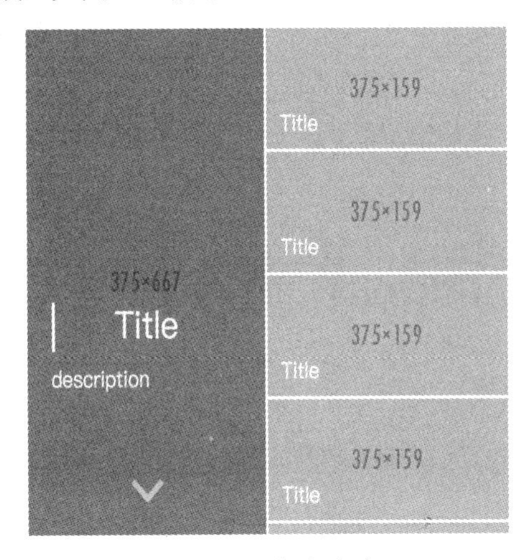

图 4.27　着陆页面

那么我们就知道了着陆页面需要用哪些数据来进行构建。顶部大图需要用到 Filmy 的核心配置数据，而分类目录需要用到分类数据。着陆页面与数据层的关系如图 4.28 所示。

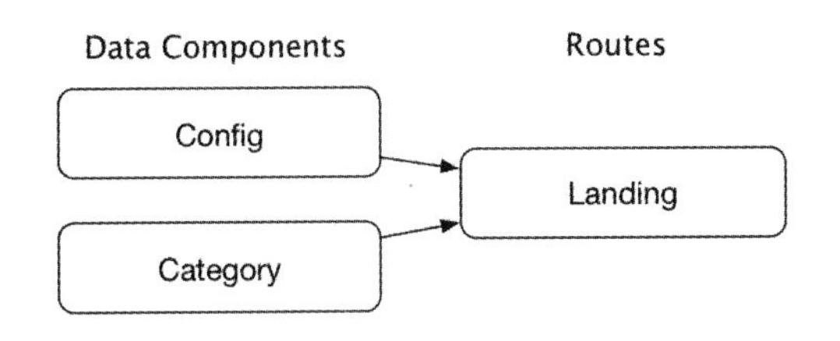

图 4.28　着陆页面与数据层

根据上面的设计，可以将着陆页面分为两个视图部分，即着陆视图和分类目录视图。因为着陆页面自身并没有太多需要由路由组件进行处理的逻辑，所以着陆页面的路由组件可以做得非常简易和直观。假设在 `components` 中分别完成了的着陆视图（`LandingView.vue`）和分类目录视图（`Content.vue`）这两个视图组件的开发，那么便可以直接将其用在着陆页面的路由组件中了。

4.6.1　路由组件开发

在 Vue.js 的组件化开发模式中，开发者可以将 HTML、JavaScript、CSS（或者是它们的衍生语言）单独地写在一个.vue 文件中，而这些用于表达组件内容的代码都可以只作用于以这一个组件为边界的作用域内。在 JavaScript 这一部分中，Vue.js 的组件化开发模式需要这个.vue 文件作为一个 ECMAScript 模块，并将一个 Vue.js 的组件描述对象作为模块值传出。这里我们可以直接使用 ES2015 中的模块化语法来实现，将一个对象字面量作为这个模块的描述对象传出，这一部分使用一个<script>包含。

程序需要从LandingView.vue和Content.vue中加载这个路由组件所需要的子视图组件，并将其使用到这个视图组件中来，可以在这个视图组件的 HTML 或其他被 Vue.js 所支持且能够转换为 HTML 的标记语言中使用被传入的组件。例如，这个路由组件的 HTML 部分中的表达形式（连字符形式）和 JavaScript 的表达形式（首字符大写的驼峰形式）相对应，那么便可以利用 ES2015 中的属性值省略功能，将 LandingView 和 Content 直接作为属性键传入到这个模块描述对象中的 components 属性中。

```
<template>
  <div id="landing">
    <landing-view></landing-view>
    <content></content>
  </div>
</template>

<script>
  import LandingView from '../components/LandingView.vue'
  import Content from '../components/Content.vue'

  export default {
    components: {
      LandingView,
      Content
    }
  }
</script>
```

然后我们需要在这个路由组件中读取这个页面所需要的数据，并将它们作为参数直接传入到视图组件当中，这样做的原因会在后面做详细的解释。与原生的 HTML 标签属性不一样的是，Vue.js 中并没有规定组件参数一定是一个值类型的数据，而是将作为组件参数的属性值看做是一个表达式，当这一个参数需要被使用的时候，Vue.js 会对这一个表达式运行运算，所得的值会通过 Vue.js 组件之间的参数进行传递，而不是直接使用 HTML 属性中传递字符串进行传递。因此可以直接利用组件参数传递 JavaScript 对象来作为这一个分类元素视图组件所需要使用的分类数据，而不必担心类型转换带来的各种问题。

```
<template>
  <div id="landing">
    <landing-view :config="config"></landing-view>
    <content :categories="categories"></content>
  </div>
</template>

<script>
  import Config from '../models/Config'
  import Category from '../models/Category'

  // ...

  export default {
    data() {
      return {
        config: {},
        categories: []
      }
    },

    ready() {
      Promise.all([
        Config.load(),
        Category.load()
      ])
        .then(([ config, categories ]) => {
          this.config = config
          this.categories = categories
        })
    },

    // ...
  }
</script>
```

使用 `Promise.all()` 方法将两个数据层加载方法进行集中处理，所返回的值会统一通过 `Promise.all()` 方法所生成的 Promise 对象传到其 `onFulfilled` 响应函数中，使用箭头函数作为响应函数的好处是，当我们接收到从数据层读取的数据后，可以利用箭头函数无独立函数作用域的特性，直接使用 `this` 来代表上一层，即组件描述对象中的 `ready` 函数中所对应的上下文（Context）。而在这里，这个上下文便是这个组件的某一个实例，所以可以直接在箭头函数中使用 `this.config` 和 `this.categories` 来代表该组件实例数据存储中的配置数据对象和分类数据数组，将它们的值修改后便可以让 Vue.js 进行视图更新了。

当然，在完成视图组件的开发之前，这个路由组件是无法被运行的。那么接下来就先从其中较为简单的 LandingView 着陆页视图组件开始，介绍如何使用 ES2015 中的新特性进行组件化开发。

4.6.2 着陆页视图

视图组件的开发模式与路由组件相同，都是通过 Vue.js 来进行，Vue.js 允许开发者使用 HTML 搭配 Vue.js 的模板标签或是使用自己较为熟悉的模板引擎来表达所需要的 DOM 结构。通过使用 Vue.js 所提供的双向绑定标签，组件的数据层与 DOM 结构可以直接建立绑定关系，DOM 结构会根据数据进行渲染且自动响应数据的变动。

新建 `landingView.vue` 文件后，先把基本的`<template>`、`<script>`和`<style>`标签写出，以养成良好的习惯。

4.6.2.1 引入数据

因为在路由组件中我们就已经将页面中所需要的数据加载好了，并以组件参数的形式传入，所以在这个视图组建的描述对象中，只需要为 `props` 属性添加参数标签。

```
export default {
  props: [ 'config' ],

  // ...
}
```

这样在视图组件的 HTML 模板中就可以直接使用 `config` 来作为获取数据的对象了。

4.6.2.2 绑定视图

在着陆页视图的原型设计中，分别有三个需要展示的内容：网站标题、网站简介和着陆页背景图。这与核心配置数据中的三个值一一对应，我们可以使用 HTML 来将这些内容表达出来。由于这一部分并不属于本书的范畴，所以此处略过。

另外，在原型设计中，网站简介的预留空间非常大，不只有一行的空间，所以我们可以将其做成多行的。这里要再次了解**换行**这个概念，在前面的 3.3 节中我们介绍了两种换行方式（CR 和 CRLF）的一些相关知识，但是这两种换行方式只能用于多行**文本字符串**中，在 HTML 中则需要用到一个`<br>`标签来作为强制换行的标识。我们需要将来自核心配置数据中的网站简介转换为在 HTML 中可以换行的 HTML 字符串，这可以通过为这个组件定义一个仅限于该组件内使用的过滤器的方式来实现，此处使用 ES2015 中的方法属性语法糖可以使代码更具语义和直观性。

```
export default {
  // ...

  filters: {
    cr2br(str) {
      return str.replace(/\n/g, '<br />')
    }
  }
}
```

结合原型设计和数据层的结构，可以写出如下的 HTML 代码以表示这一个视图组件的 DOM 结构内容。

```
<template>
  <div id="landing">
    <div id="landing-background" :style="backgroundStyle"></div>
    <div id="landing-content">
      <h1 id="landing-title" v-if="config.title">{{config.title}}</h1>
      <p id="landing-desc">{{{ config.description || '' | cr2br }}}</p>
    </div>
    <a class="scroll-down icon-arrow-left"></a>
  </div>
</template>
```

其中我们为`#landing-background`这个元素绑定了 `style` 属性，根据 Vue.js 的文档说明，要通过 Vue.js 的 MVVM 特性来对元素的 CSS 样式进行修改时，推荐使用两种方法：一种是通过数据层的内容来改变元素的 `class` 属性，即改变元素类列表来控制其样式；另一种是直接操作元素的 `style` 属性，例如使用 Vue.js 中的数据值来作为元素的 CSS 样式内容。这里的需求是从数据组件获得了着陆页视图的背景图片地址后将其展示到页面中，所采取的实现方式是将获得的值作为一个背景元素的背景图片地址 `background-image`。

根据 Vue.js 的文档介绍，可以通过“动态计算的数据变量”这个 Vue.js 中的“厉害武器”来表示处理在数据层中的数据。style 属性要求绑定一个对象字面量，这个对象字面量类似于 CSS 中对某一个选择器的样式描述，其中需要以 `backgroundImage` 作为属性键，即作为 CSS 中 `background-image` 属性的别名，逻辑代码从数据组件获取核心配置数据中获得背景图片的 URL 地址，拼装成 CSS 可用的值，并应用到 DOM 元素的样式中。

这里 `backgroundImage` 属性不能使用图片的 URL 地址作为值，必须使用 `url('<url>')` 的形式进行包裹，而图片 URL 地址的两边恰好都有用于包裹的字符，所以使用 ES2015 中的模板字符串语法糖来表示最终组成的字符串，比使用 `+` 来连接三个部分更为直观。

```
export default {
  // ...
```

```
  computed: {
    backgroundStyle() {
      return { backgroundImage: `url('${this.config.background}')` }
    }
  }
}
```

这样就相当于在这个组件的数据层中增加了一个名为 backgroundStyle 的虚拟值（类似于 Getter），它的值会根据 config.background 的变动而变动，从而使视图层中的样式发生改变。此后只需要为这个组件添加相应的样式即可，当然还可以为<style>标签添加上 scoped 属性，使得这个标签内的 CSS 代码只影响到该组件内的 DOM 结构，而不会影响其他组件的视图层。

```
<!-- 代码清单：src/components/LandingView.vue -->
<template>
  <div id="landing">
    <div id="landing-background" :style="backgroundStyle"></div>
    <div id="landing-content">
      <h1 id="landing-title" v-if="config.title">{{config.title}}</h1>
      <p id="landing-desc">{{{ config.description || '' | cr2br }}}</p>
    </div>
    <a class="scroll-down icon-arrow-left"></a>
  </div>
</template>

<script>
  export default {
    props: [ 'config' ],

    computed: {
      backgroundStyle() {
        return { backgroundImage: `url('${this.config.background}')` }
      }
    },

    filters: {
      cr2br(str) {
        return str.replace(/\n/g, '<br />')
      }
    }
  }
</script>

<style scoped>
  /* ... */
</style>
```

4.6.3　分类目录视图

分类目录是当用户从着陆页视图往下继续浏览时所看到的视图，这一部分需要先从数据组件中读取分类数据，然后将其渲染到视图层中。这一个视图组件除了需要展示分类数据的对应表现视图外，还需要起到响应用户点击某一个分类带来的用户事件并使程序做出跳转动作的作用。之前说过，如果某一个列表视图中的元素需要承担如行为监听等多于展示的职责，则最好将其作为一个单独的组件，以便修改和重复使用。这里在分类页面的原型设计中，可以发现分类页面的顶部也有一个类似于分类目录视图的设计，那么我们可以大胆地假设，若将这一个用于展示分类的组件做成可以根据传入参数来定义样式的设计，就可以在两个路由组件之间公用这一个视图组件了，这显然非常符合组件化开发中的可重复使用原则。

4.6.3.1　分类元素视图组件

既然可以将列表视图中的元素作为单独的组件进行开发，那么就尽可能将其独立性增强，使其不受所在的位置和作用的牵绊，为此只需要做好视图组件中所需要视图表现和响应的逻辑即可。图 4.29 为分类元素视图。

图 4.29　分类元素

分类元素视图组件中需要使用到的数据内容有分类标题和分类题图，这些数据内容都可以采用组件参数的方法传入到分类元素视图组件中，并直接以参数形式作为组件数据与视图进行绑定。

```
<template>
  <div class="content-category">
    <div class="card-image">
      <img :src="category.cover">
      <span class="card-title">{{category.title}}</span>
    </div>
  </div>
</template>
```

```
<script>
  export default {
    props: [ 'category' ]
  }
</script>

<style scoped>
  /* ... */
</style>
```

4.6.3.2　渲染分类目录

完成了分类元素视图组件的开发后，可以将其引入到分类目录视图组件中并将其作为列表中的列表元素进行渲染。利用 Vue.js 中提供的 `v-for` 属性可以实现列表渲染，因为所使用的数据来源于这个组件被传入的组件参数，所以只要为分类目录组件定义可接受的参数标签便可完成渲染了。当然，除此以外，别忘了将刚才我们创建的分类元素视图组件传入到分类目录试图组件组件描述对象的 `components` 属性中，以便可以在 HTML 中能够对其进行引用。

```
<template>
  <div id="content">
    <div id="content-categories">
      <category
        v-for="category in categories"
        :category="category.getCacheData()"
      ></category>
    </div>
  </div>
</template>

<script>
  import CategoryItem from './Category.vue'

  export default {
    props: [ 'categories' ],

    components: {
      Category: CategoryItem
    }
  }
</script>

<style scoped>
  // ...
</style>
```

另外，还需要处理访客点击列表中的任一分类元素视图时所触发的事件，这个事件是需要 Filmy 的程序进行跳转进入分类页面才能触发的。有两种方式可以对访客的行为进行监听和处理，一种是分别通过 Vue.js 自身所提供的事件绑定方法对分类元素的 `click` 事件或通过 vue-touch 对 `tap` 事件进行监听，并在逻辑代码中定义响应函数进行详细的逻辑操作；另一种是直接使用 vue-router 所提供的 `v-link` 属性来定义访客点击 DOM 元素后将要对路由组件做出的跳转行为。

在交互体验设计中，用户点击某一个视图元素后，若除了进行跳转以外还需要执行其他的逻辑，那么就需要监听 `click` 或 `tap` 事件并在组件描述对象的 `methods` 属性中定义一个用户响应事件的事件响应器，用来执行需要执行的逻辑代码。但是在 Filmy 中，点击分类视图元素后除了页面跳转以外并没有交互体验设计，所以需要自行对事件进行监听，可以直接使用 vue-router 所提供的方法来实现，我们只需要在 HTML 调用分类元素视图组件的地方加入 `v-link` 属性，并按照 vue-router 文档中所规定的模式设置其属性值来定义跳转规则即可。这里需要将每个分类视图元素的跳转规则定义为对应的分类页面，并按照 `/category/:name` 的规则进行 URL 地址跳转。

```
<div id="content-categories">
  <category
    v-for="category in categories"
    :category="category.getCacheData()"
    v-link="{ path: '/category/' + category.getCacheData('name') }"
  >
  </category>
</div>
```

这样，着陆页面中的两个主要视图部分都已经开发好了，如图 4.30 所示。在路由组件中我们已经将它们引入到了子组件属性中，并在 HTML 中对进行了引用。因为在两个视图组件中，逻辑代码和与数据层的交互都是独立的，并不需要通过父层组件进行任何的参数传递，所以在着陆页面的路由组件中不需要再做任何修改便可以直接运行了。

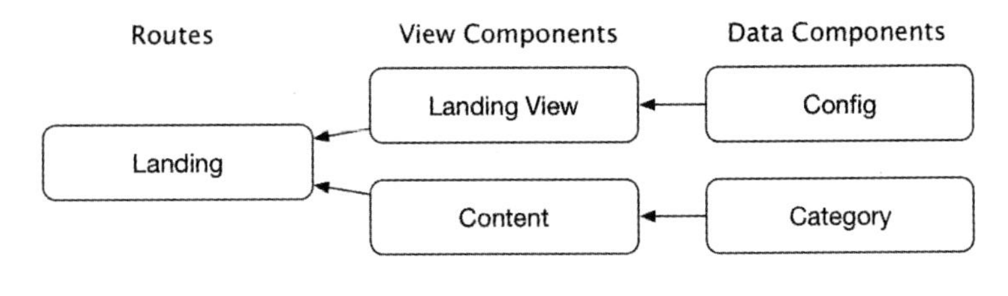

图 4.30　着陆页面组件结构

4.6.4 路由组件、视图组件与数据组件的联系

在 4.3 节中，我们对 Filmy 的程序架构做了简单的定义，但是并没有对这几个部分之间的关系进行详细的分析和解释。在前面对着陆页面路由组件的开发中，我们在路由组件中读取了页面所需要的数据，即在路由组件中对数据组件进行了调用，这样的做法事实上是经过了严谨的思考之后决定的。

暂且抛开 Filmy 甚至前端开发领域的限制，将问题回归到软件开发领域中的程序结构上，程序通过软件界面向用户展示出其表现层的过程大致要经过以下几个部分：

- Action - 用户行为
- Controller - 逻辑控制器
- Data Layer - 数据封装层
- View - 视图层

这几个部分在 Filmy 的开发中分别对应用户访问或点击、路由组件、数据层、视图组件。在软件开发领域，对这几个部分的组织方式大致上可以分为在逻辑控制器中进行数据操作和在视图中进行数据操作这两种，下面一一介绍。

4.6.4.1 在逻辑控制器中进行数据操作

当用户的行为（下面简称为 Action）被触发后，逻辑控制器（Controller）接收到 Action，便通过对数据封装层（Data Layer）的调用来获取相对应的数据，并将数据传递到视图层（View）中。此后 View 中只对从 Controller 处传来的数据进行依赖，而不再对 Data Layer 进行任何依赖和调用。如果 View 中存在某种对数据进行操作的用户行为监听，就会将行为信号传递回 Controller 中，由 Controller 对数据进行处理和操作。图 4.31 为上述组织方式的结构图。

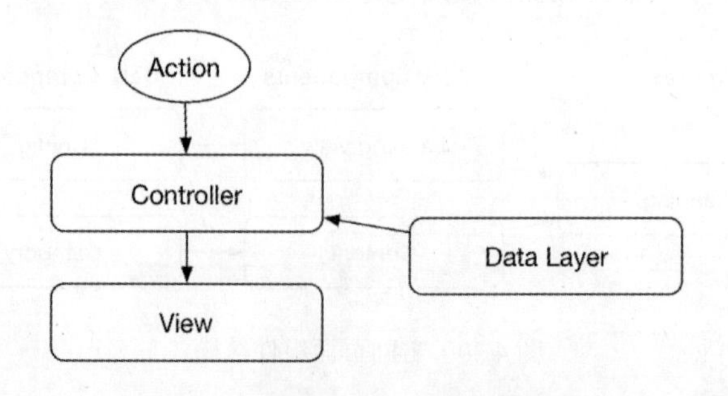

图 4.31　在逻辑控制器中进行数据操作

在逻辑控制器中进行数据操作的优势有：

- 易于管理逻辑代码与数据层之间的关系。
- 使视图组件能得到较高的可重用性。
- 视图层无须关心数据的来源。

同样地，这种方式也有一定的劣势：

- 一旦数据的来源、种类或数量变大时，这种方式会使 Controller 变得“臃肿”且难以维护。

4.6.4.2　在视图中进行数据操作

在这种组织方式中，Controller 并不对 Data Layer 进行任何依赖或调用，而是只起到当一个轮廓控制器（Layout Controller）的作用，将这个用户界面（UI）中所需要用到视图组件进行拼装并放置到 Layout 中。Controller 会将 Action 作为一个信号参数传递到 View 中，而 View 便会根据这个信号对 Data Layer 进行调用，数据的读取也基于此。而 View 会对一些建立在其本身所表现的 UI 上的用户行为进行处理，如果有需要对数据进行操作的话，便会自行处理。图 4.32 为上述组织方式的结构图。

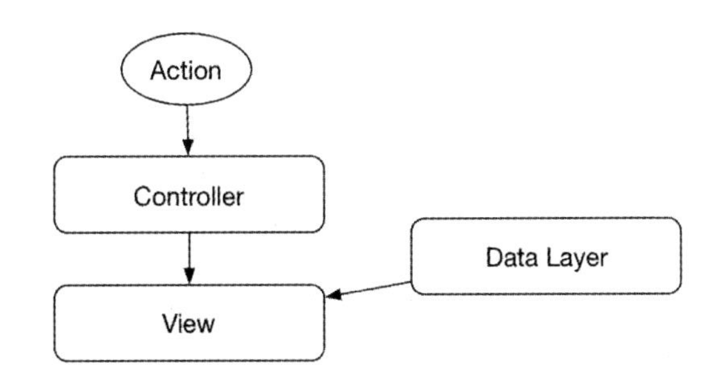

图 4.32　在视图中进行数据操作

在视图中进行数据操作的优势有：

- 视图层自行维护与数据层的依赖关系，Controller 只需要作为一个视图控制器来对某一个页面中所需要展示的视图层进行组合便可。
- 除了对数据层存在依赖关系以外，视图层以独立的方式存在于程序中。

这种方式的劣势是：

- 视图层与数据层之间形成强依赖关系，且它们之间的调用代码分散在各个视图层中，一旦数据层发生颠覆性更新就需要对每一个视图层进行更改。
- 同样是因为 View 与 Data Layer 之间的强依赖关系，导致视图层无法随意更换数据来源。

4.6.4.3　组织方式的区别与项目应用

通过对上面两种组织方式的介绍，我们知道这两者之间存在很大的差异，而产生这种差异的根本原因是数据的读取位置不同。

在逻辑控制器上进行数据操作的方式将数据的读取放在了 Controller 中，而在视图中进行数据操作则选择在 View 中进行数据读取。第二种方式还可以再进行细分，View 在大多数情况下都是以一小块一小块的形式存在，以前叫做 Partial，即部分的视图，也可以叫做视图碎片。而如今因为能在视图层中加入了除了表现层以外的逻辑代码，而使 View 的部分逐渐变得复杂，进而慢慢地进入了组件化的领域。原本的视图碎片变成了一个个小组件，组件中带有只作用于该组件的逻辑代码，其中可能会存在对数据层的依赖和调用。

它们之间的优劣也是值得权衡的，两者并不是对立存在的，在同一个项目中两者都可以有存在的意义及相应的价值。从这两种方法的优劣对比中，我们可以看到对于一个项目来说，使用哪一种组织方式主要取决于这个项目对视图层的划分。

如果同一种视图层需要在一个以上的地方被使用，而且其所展示的内容可能是不一样的，是需要由上层组织或用户行为来决定的，那么就并不适合使用在视图中进行数据操作的组织方式。因为视图层需要表现的数据种类虽然统一，但是会根据不同的场景来展示不同的内容，在这种情况下如果将视图层与数据层进行绑定就会给开发造成明显的不便。

如果视图层的内容是固定的，而且量比较大，对数据层的调用逻辑也比较复杂，那么就比较适合使用在视图中进行数据操作的组织方式。因为如果同样规模和类型的视图组件在同一个 UI 中存在太多，由同一个 Controller 来管理所有的数据层依赖关系就很容易出现混乱。

对于 Filmy 来说，需要重复使用的视图组件比较多，而完全独立的却较少，所以为了后面有更好的开发体验，我们采用在逻辑控制器上进行数据操作的组织方式。

4.7　分类页面开发

图 4.33 为分类页面示意图。

图 4.33　分类页面

当访客从着陆页面中点击分类目录视图的某一个分类元素时，便会通过路由组件的切换进入到分类页面（Category Page）中。

4.7.1　路由组件开发

与着陆页面不同的是，分类页面需要根据用户访问的 URL 中所表示的访问行为来分辨用户希望访问的是哪一个分类并展示其内容，而着陆页面不需要根据用户的访问行为来展示对应的内容，只需要展示统一的数据内容即可。

根据分类页面的原型设计可知，这个页面需要用到的数据有分类数据和相册数据两种，如图 4.34 所示。

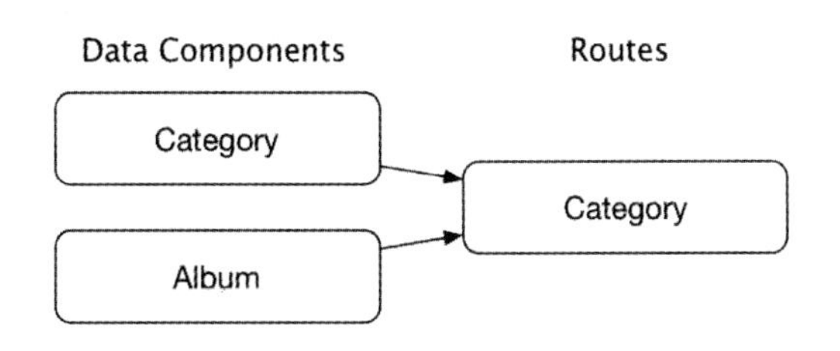

图 4.34　分类页面的数据结构

分类页面是用于展示某一个分类的主要内容的页面，其中包括在上一节中我们单独开发的分类元素视图组件中所展示的内容，以及我们在数据规划中为某分类数据定义的一个副标题

（subtitle）中所包含的内容。

在着陆页面中，分类目录中并不适合展示太多的文字内容，而分类页面又恰恰是用于展示分类详细内容的，因此为了解决这个问题，可以将简要介绍分类主要内容的副标题展示在分类页面中。出于简化代码和架构结构的目的，既然将分类目录中的分类元素作为一个独立的视图组件进行开发，那么就可以将其再次利用。重用组件一方面可以减少程序的开发成本，另一方面，因为分类页面中第一个用于展示分类信息的视图部分与分类目录中每一个分类的视图部分相似，所以可以使用组件参数配合 CSS 选择器的方式，让分类元素视图组件能直接使用在分类页面中，通过从父组件传入组件参数的方式让分类元素视图组件明白自身应该使用哪一种样式来展示视图层。图 4.35 展示的是分类元素视图组件。

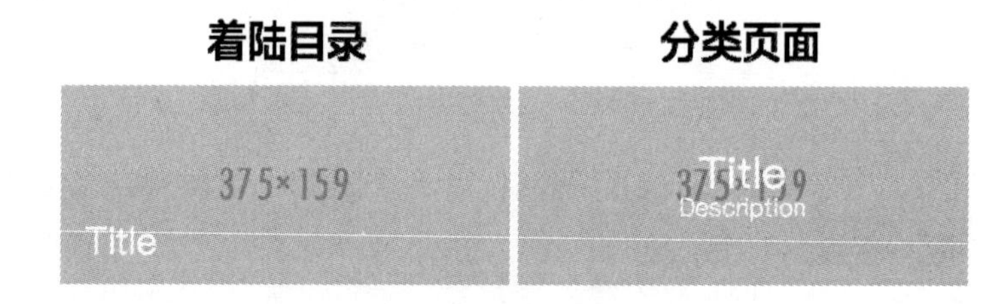

图 4.35　分类元素视图组件

回到路由组件上，上一节中说明了 Filmy 所采用的代码组织方式及使用的原因，那么这里我们便直接按照所选定的方式来进行开发。首先要在路由组件中将这一个页面所需要的数据加载好，然后利用视图组件将这个页面的结构组织起来，并将加载好的数据通过组件参数的形式传递到视图组件中。

```
import Category from '../models/Category'
import Album from '../models/Album'

export default {
  data() {
    return {
      category: {},
      albums: []
    }
  },

  ready() {
    Promise.all([
      Category.loadIfNotInit()
        .then(() => Category.search('name', this.$route.params.name))
        .then(result => result[0]),
```

```
      Album.fetchByCategory(this.$route.params.name)
    ])
    .then(([ category, albums ]) => {
      this.category = category
      this.albums = albums
    })
  }
}
```

4.7.2 分类元素视图组件

要想让分类元素视图组件能够在分类页面中直接使用，首先需要对之前开发的组件进行必要的修改。上一节中我们对这个组件的开发仅达到展示分类的标题和题图的程度，而在分类页面中还需要展示分类的副标题并改变主标题的展示样式。

我们需要为这个组件定义一个参数，使组件知道应该使用哪一种样式来展示视图层，这里就用 asTitle 这个参数来做判断。首先在这个组件所接受的组件参数中添加 `asTitle`。

```
export default {
  props: [ 'category', 'asTitle' ]
}
```

这个参数是该组件在两种样式间切换的开关，而两种样式的切换可以通过 CSS 中的类选择器来进行控制。因此正好可以使用 Vue.js 所提供的 `class` 绑定方法来将 `asTitle` 参数与 CSS 选择器进行绑定，当 `asTitle` 参数存在时就将 `as-title` 这个 `class` 加入到 DOM 元素的类列表中。

```
<div class="content-category" :class="{ 'as-title': asTitle }">
  <!-- ... -->
</div>
```

将用于展示分类副标题的 DOM 元素加入组件原先的 DOM 结构中即可。

```
<span class="card-title">{{category.title}}</span>
<span class="card-desc">{{category.subtitle}}</span>
```

因为 CSS 的部分并不在本书内容的范围中，所以这里并不会展示如何使用 CSS 来切换两种试图样式。

```
<!-- 代码清单: src/components/Category.vue -->
<template>
  <div class="content-category" :class="{ 'as-title': asTitle }">
    <div class="card-image">
      <img :src="category.cover">
      <span class="card-title">{{category.title}}</span>
```

```
      <span class="card-desc">{{category.subtitle}}</span>
    </div>
  </div>
</template>

<script>
  export default {
    props: [ 'category', 'asTitle' ]
  }
</script>

<style scoped>
  /* ... */
</style>
```

4.7.3 相册列表视图组件

与着陆页面中的分类目录类似，分类页面需要展示该分类中的相册，相册也会以列表的形式展示出来。不一样的是，相册列表中的相册元素并不会在其他页面被展示，也不会有因为场景不同而在同一种设备上显示两种样式的可能，所以并不需要将相册列表中的元素单独作为一个组件来进行开发。对于用户点击相册列表中的相册元素时所应该触发的页面跳转，也可以像着陆页面中分类目录的方法一样，直接使用 vue-router 所提供的方法来进行用户行为的监听和逻辑执行。那么相册列表中的元素就可以直接使用模板中进行循环的形式被渲染到页面中了。

对于这个视图组件来说，只需要接收从调用它的上层组件所传来的相册集数据，并将它渲染到界面上即可。其中根据路由表的设计，相册页面的 URL 地址规则是`/album/:key`，因为之前我们通过对数据层的设计和封装，使所有访客都获得了相同数据，所以可以直接让相册页面直接使用`_key`来标识。

```
<template>
  <div id="category-albums">
    <div class="album" v-for="album in albums" v-link="{ path: `/album/${album._key}` }">
      <div class="album-image">
        <img :src="album.photos[0]">
        <span class="album-title">{{album.title}}</span>
      </div>
    </div>
  </div>
</template>
```

这样只需要从上层组件中引入数据即可。

```
<!-- 代码清单: src/components/AlbumsList.vue -->
<template>
```

```
  <div id="category-albums">
    <div class="album" v-for="album in albums" v-link="{ path: `/album/${album._key}` }">
      <div class="album-image">
        <img :src="album.photos[0]">
        <span class="album-title">{{album.title}}</span>
      </div>
    </div>
  </div>
</template>

<script>
  export default {
    props: [ 'albums' ]
  }
</script>

<style scoped>
  /* ... */
</style>
```

完成了视图组件的开发后，就可以将路由组件与视图组件进行对接了。

```
<!-- 代码清单: src/router-components/Category.vue -->
<template>
  <div id="category">
    <category :category="category" as-title="true"></category>
    <albums-list :albums="albums"></albums-list>
  </div>
</template>

<script>
  import Category from '../models/Category'
  import Album from '../models/Album'

  import CategoryItem from '../components/Category.vue'
  import AlbumsList from '../components/AlbumsList.vue'

  export default {
    name: 'CategoryPage',

    data() {
      return {
        category: {},
        albums: []
      }
    },

    ready() {
      Promise.all([
```

```
        Category.loadIfNotInit()
          .then(() => Category.search('name', this.$route.params.name))
          .then(result => result[0]),
        Album.fetchByCategory(this.$route.params.name)
      ])
        .then(([ category, albums ]) => {
          this.category = category
          this.albums = albums
        })
    },

    components: {
      Category: CategoryItem,
      AlbumsList
    }
  }
</script>
```

4.7.4 相册页面开发

因为相册页面开发与着陆页面开发和分类页面开发相类似，所以我们不再赘述。Filmy 中所有的代码都可以在 Filmy 的 GitHub 页面[13]中下载。

4.7.4.1 相册页面的路由组件

```
<!-- 代码清单：src/router-components/Album.vue -->
<template>
  <div id="album">
    <h1 id="album-title">{{album.title}}</h1>

    <album-info :content="album.content"></album-info>
    <photos-list :photos="album.photos"></photos-list>
  </div>
</template>

<script>
  import Album from '../models/Album'
  import Category from '../models/Category'

  import AlbumInfo from '../components/AlbumInfo.vue'
  import PhotosList from '../components/PhotosList.vue'

  export default {
    data() {
```

[13]https://github.com/iwillwen/filmy

```
      return {
        album: {}
      }
    },

    ready() {
      Album.loadIfNotInit()
        .then(() => Album.fetch(this.$route.params.key))
        .then(res => res.getCacheData())
        .then(album => this.album = album)
    },

    components: {
      AlbumInfo,
      PhotosList
    }
  }
</script>

<style scoped>
  /* ... */
</style>
```

4.7.4.2　相册信息视图组件

```
<!-- 代码清单：src/components/AlbumInfo.vue -->
<template>
  <section id="album-info">
    <p>{{content}}</p>
  </section>
</template>

<script>
  export default {
    props: [ 'content' ]
  }
</script>

<style scoped>
  /* ... */
</style>
```

4.7.4.3　图片列表视图组件

```
<!-- 代码清单：src/components/PhotoList.vue -->
<template>
  <section id="album-photos">
    <img v-for="photo in photos" :src="photo" class="album-photo">
  </section>
</template>
```

```
<script>
  export default {
    props: [ 'photos' ]
  }
</script>

<style scoped>
  /* ... */
</style>
```

这样，Filmy 中用于向访客展示的 Web 端大致开发完成了，但是其中只有用对数据进行展示的部分。那么接下来，我们就要开始对数据进行操作和更新，开发 Filmy 的管理工具了。

4.8 管理工具开发

事实上对于一个产品来说，数据的写入操作在逻辑代码上较读取操作来说要更为复杂，因为数据的写入需要考虑多种不同的情况，如首选项、备选项等等。当然，在开发 Filmy 数据层的时候就已经将这些情况都考虑到了，所以目前剩下的“硬骨头”就是写入数据的逻辑代码了。

与前台的展示页面类似，管理工具中也是需要先从数据结构入手，因为我们之前就已经完成了 Filmy 的数据层的开发，所以我们在开发管理工具的时候可以直接使用这个数据层来对数据进行操作。

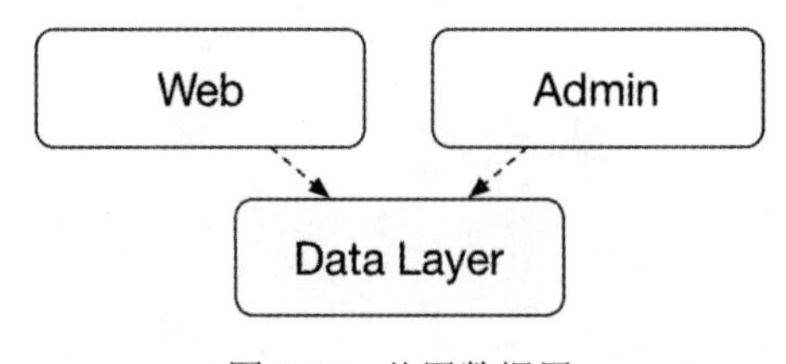

图 4.36 共用数据层

根据图 4.36 所示的数据结构的设计，Filmy 的管理工大致上需要如下的管理页面：

- 核心配置页面（Settings）
- 分类管理页面（Categories）
- 相册管理页面（Albums）

图 4.37 为管理工具的路由结构，对于管理工具来说还需要一个管理页面，即总览页

（Dashboard）。这个页面主要用于展示当前 Filmy 站点中数据的大致情况，如分类数列、相册数量、内容偏向等统计数据。

因为需要对分类数据和相册数据进行写入操作，所以除了总体数据的页面以外，也需要相对应的编辑页面，以便管理员点击某一个元素可以对该元素进行数据编辑。而因为 Filmy 希望让代码结构尽可能简单，所以我们可以将编辑和新增功能合并在一起以便管理和使用。

除此以外，一个全新的 Filmy 实例需要使用一个初始化页面（Init Page）来录入该 Filmy 实例的初始数据，如使用七牛云服务的 Access Key 和 Secret Key、管理人员所掌握的管理密码、初始的核心配置数据等。

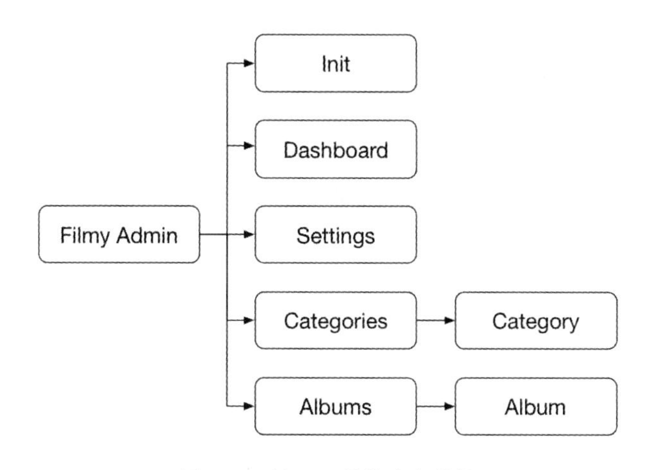

图 4.37　管理工具的路由结构

下面我们会逐一开发其中的每一个页面所对应的路由组件、视图层以及逻辑层。

4.9　初始化 Filmy 实例

Filmy 程序在发布到七牛云后，需要进行数据的初始化。其中包括了所使用的七牛云服务密钥信息、管理员的管理密码、初始的核心配置信息（标题、作者名）等等。.

初始数据的导入需要用一个页面来进行，而这个页面对于一个 Filmy 实例来说必须是一次性的。虽然无法将这个文件从七牛云的存储容器中直接删除，但是可以在前端中对存储在七牛云中的数据进行检查，如果存在已有的安全敏感数据（如七牛云服务密钥和管理密码），便将这个页面中用于数据录入的 DOM 元素移除，防止数据多次录入。

4.9.1　基本元素

初始化页面不需要过于复杂的设计，只需要有一个用于数据录入的表单即可，如图 4.38 所示。其中需要进行录入的数据分为两类。

第一类是 Filmy 所需要用的、安全性敏感的信息：

- 七牛云所提供的 Access Key
- 七牛云所提供的 Secret Key
- 管理员所使用的管理密码（Password）

第二类是 Filmy 实例的初始核心配置数据：

- 网站标题（Title）
- 网站副标题（Subtitle）
- 网站背景图（Background）

其中网站背景图需要支持使用本地文件上传到七牛云的存储空间中，或者是直接指定一个第三方 URL 来作为背景图。

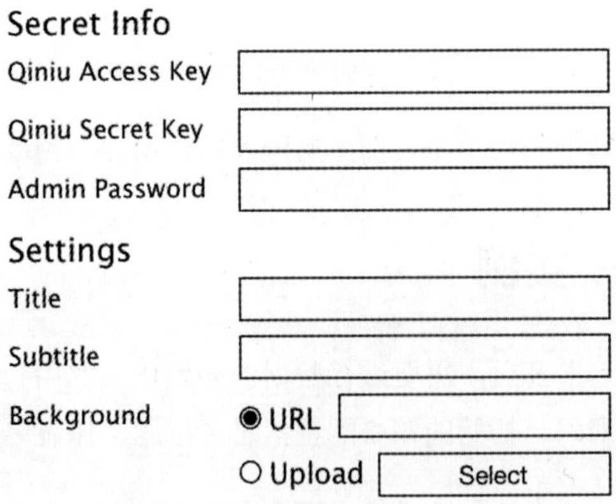

Secret Info
Qiniu Access Key
Qiniu Secret Key
Admin Password
Settings
Title
Subtitle
Background
URL
Upload
Select

图 4.38　页面设计

根据页面元素的设计，我们直接使用 Bootstrap 作为 Filmy 的后台 UI 框架。

```
<form>
  <h3>Admin Settings</h3>
```

```
  <div class="form-group">
    <label for="AccessKey">Access Key</label>
    <input type="text" class="form-control" id="AccessKey" v-model="ak" />
  </div>
  <div class="form-group">
    <label for="SecretKey">Secret Key</label>
    <input type="text" class="form-control" id="SecretKey" v-model="sk" />
  </div>
  <div class="form-group">
    <label for="Password">Admin Password</label>
    <input type="password" class="form-control" id="Password" v-model="password" />
  </div>

  <hr />

  <h3>Filmy Setting</h3>

  <div class="form-group">
    <label for="title">title</label>
    <input    type="text"    class="form-control"    id="title"    placeholder="Filmy"
v-model="title" />
  </div>

  <div class="form-group">
    <label for="subtitle">subtitle</label>
    <textarea class="form-control" id="subtitle" rows="7" v-model="subtitle"></textarea>
  </div>

  <label for="background">Background Image</label>
  <div class="form-group">
    <label    class="col-sm-2    control-label"><input    type="radio"    value="url"
name="background" v-model="background"> URL</label>
    <div class="col-sm-10">
      <input type="url" class="form-control" v-model="background_url">
    </div>

    <label    class="col-sm-2    control-label"><input    type="radio"    value="file"
name="background" v-model="background"> Upload File</label>

    <div class="col-sm-10">
      <input type="file" v-el:backgroundfile>
    </div>
  </div>
</form>
```

4.9.2 基本逻辑

首先，从之前所设计的 Filmy 数据层的代码逻辑来看，代码会默认从本地的 MinDB 数据库中检测数据是否存在，其次再检测七牛云中数据是否存在。所以对于一个全新的 Filmy 实例来说，本地数据库肯定是没有数据的，那么程序便会自动从七牛云中读取云端数据，而如果程序检测到云端存储空间中并不存在数据，那么便会返回空的数据值，所以这里只需要捕捉这个空值的抛出便知道当前的 Filmy 实例是否是一个真正的全新实例。如果数据层可以获取到数据，便将操作元素从页面中移除。

```
import Vue from 'vue'
import Config from '../models/Config'
import openSimpleModal from '../libs/simple-modal'

new Vue({
  data: {
    // ...
  },

  ready() {
    // 尝试加载数据
    Config.load(true)
      .then(config => {
        if (!config) return

        // 成功加载数据
        const url = `${location.protocol}//${location.host}`

        // 弹出一个对话框以提示返回到 Filmy 实例首页
        openSimpleModal(
          'Warning',
          'This Filmy is already inited.',
          `<a href="${url}" class="btn btn-primary" role="button">OK</a>`
        )

        // 移除操作元素
        this.$el.remove()
      })
  },
})
```

然后，我们便需要设定与页面元素进行绑定的数据元素，要求与前面的数据和页面元素可以一一对应。其中较为特殊的是背景图片，我们希望允许管理员能够以两种方式来指定背景图片，一种是由管理员填写普通用户可以直接访问的第三方图片 URL 地址，另一种是由管理员从本地存储设备中选择一个图片文件上传到七牛云，并将七牛云中的对应资源作为该 Filmy 实例的背景图片。上传文件到七牛云的过程如图 4.39 所示。

出于简化代码结构的目的，可以将上传本地文件到七牛云的这一步骤看作是使用第三方图片 URL 地址作为背景图片的预处理步骤，即如果管理员通过上传本地文件的方式指定背景图片的话，便会先将这个图片文件上传到七牛云的存储空间中，然后再将上传完成后的资源链接作为第三方图片 URL 地址以继续下一步逻辑操作。

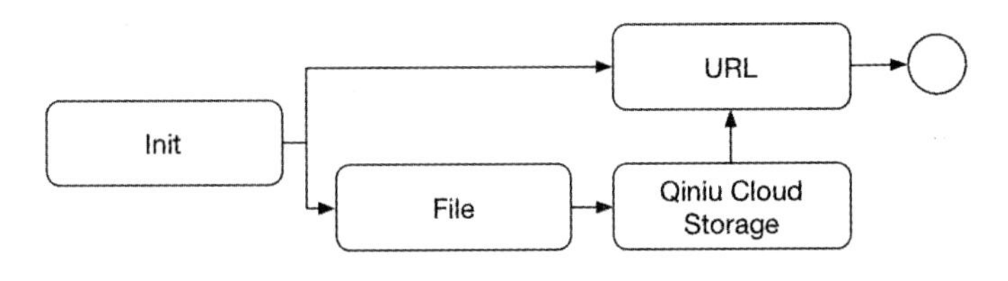

图 4.39　上传文件到七牛云

4.9.2.1　获取七牛云的上传凭证

获取到的七牛云上传凭证主要是为了上传用于后期管理的七牛云服务密钥文件以及管理员可能会选择上传的本地文件，以作为 Filmy 实例的背景图片。

管理员需要在页面中填写七牛云服务所提供的 Access Key 和 Secret Key，以及以后会使用的管理密码。通过 Vue.js 的数据绑定机制我们可以直接获取管理员所输入的值，并将其作为初始值上传到七牛云中。与数据层开发类似，此处使用 JavaScript 中的 Blob 类型来模拟文件的 File 类型。

```
import filmyBucket from '../models/qiniu-bucket'

// ...

methods: {
  submit() {
    const ak = this.ak
    const sk = this.sk

    // 获取七牛云上传凭证
    filmyBucket.fetchPutToken(this.password, null, { ak, sk })
      .then(putToken => {
        // 利用 Blob 构建文件数据
        const fileData = new Blob([ JSON.stringify({ ak, sk }) ], { type: 'application/json' })
        fileData.name = `secret-${this.password}.json`

        // 上传构建好的文件数据
        return filmyBucket
```

```
        .putFile(
          fileData.name,
          fileData,
          { putToken }
        )
        .then(() => putToken)
      })
      // ...
    })
  }
}
```

4.9.2.2　检查并处理管理员对背景图片的填写方式

如果管理员选择的是直接使用第三方图片 URL 地址的方式，就直接将这个 URL 地址传到下一个步骤去。如果管理员选择的是上传一个本地图片文件作为 Filmy 实例的背景图的方式，就需要通过之前写好的七牛云抽象层来将这个文件上传到云存储空间去。通过七牛的 JavaScript SDK，可以非常简便地完成这些操作。

通过 Vue.js 中的元素绑定将页面中用于选择本地文件的 `input` 元素绑定到 Vue.js 实例中，以便在逻辑代码中取得这个元素中被选中的文件对象。

```
.then(putToken => {
  switch (this.background) {
    // 如果管理员选择使用第三方图片 URL 地址，则直接将其传递到下一步骤
    case 'url':
      return this.background_url
      break
    // 如果管理员选择上传文件则利用七牛 JavaScript SDK
    // 将其上传到七牛云的存储空间中
    case 'file':
      // 通过元素绑定取得管理员所选取的图片文件
      const file = this.$els.backgroundfile.files[0]
      if (!file) {
        throw new Error('Please select a file.')
      }

      // 将其上传到七牛云上并返回该资源的公共访问 URL 地址
      const key = `assets/bg-${Math.random().toString(32).substr(2)}`
      return filmyBucket.putFile(key, file, { putToken })
        .then(() => {
          const asset = filmyBucket.key(key)
          return asset.url()
        })
  }
})
```

4.9.2.3　将核心数据部署到七牛云上

对背景图片的处理完成以后，就可以集中所有的初始核心配置数据，并将其通过数据层部署到七牛云对应的存储空间中了。

```
.then(backgroundUrl => {
  const config = {
    title: this.title,
    description: this.subtitle,
    background: backgroundUrl
  }

  return Config.update(this.password, config, true /* silent */)
})
```

完成了上述三个步骤以后，Filmy 实例的初始化工作也差不多完成了。接下来，就要看看如何开发 Filmy 的其他管理页面了。初始化页面的完整代码同样可以在 Filmy 的 GitHub 页面中找到。

4.10　管理工具的总体组织

实际上，因为在开发 Filmy 的底层支撑组件时，我们便已经对这些底层组件进行了很好的抽象化处理，所以与普通用户所访问的 Filmy 界面相比，管理工具的开发只是更多地使用了数据抽象层所提供的功能，其余的可以一一进行对应。

前后台对应关系如图 4.40 所示，其中可以简单地将左边的部分理解为对 Filmy 数据层的读取，而右边则多了对数据层的写入。其中总览页面与设置页面的代码组织方式和 Filmy 前台中的页面类似，设置页面的内容也与 Filmy 初始化工具中的代码类似。所以出于篇幅的角度考虑，我们不再重复地讲解这两个页面的开发过程，而详细介绍对数据层进行写入操作且逻辑结构较为复杂的分类创建页面和相册创建页面的开发过程。

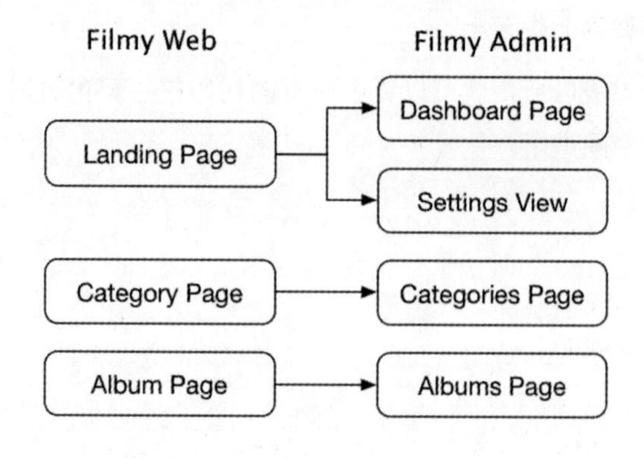

图 4.40　前后台对应关系

4.10.1　管理页面的总体架构

参考许多不同的内容管理系统（Content Management System，CMS）软件所提供的后台后，Filmy 管理工具的整体框架也可以简单地确定下来。

Filmy 的管理工具页面框架可以分为两个部分：侧边栏（Sidebar）和路由视图（Router View），如图 4.41 所示。

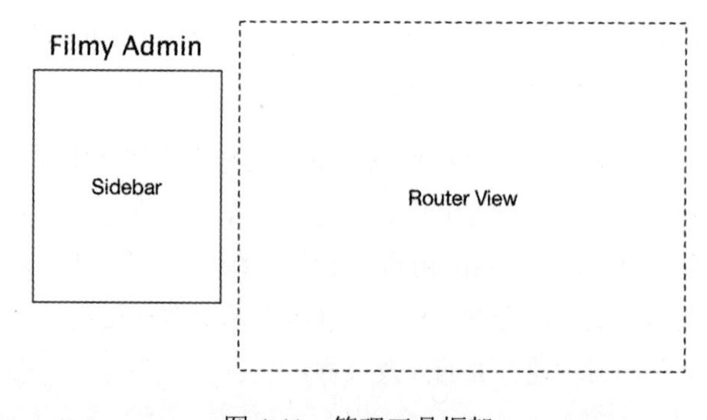

图 4.41　管理工具框架

侧边栏主要用于导航，其中还会展示一些简要的数据。而路由视图则像 Filmy 的前台一样，通过配合 Vue-Router 组件，根据用户的不同的访问行为来展示不同的内容。这个路由视图所展示的是用户使用侧边栏中导航栏的导航行为，根据预先定好的路由规则来展示不同的管理页面。

4.10.2　侧边栏

侧边栏只需要配合 Vue-Router 使用其所提供的 API，或者直接使用锚链接将页面跳转到相对应的 URL 地址中即可。另外，我们还可以为侧边栏加入简单数据的展示功能，比如展示分类和相册的数量。首先，使用 Bootstrap 的方法将侧边栏的基本样式构建出来，其中的文案信息我们同样可以使用之前开发好的国际化工具 i18n 来进行翻译和展示。

```
<ul class="nav nav-pills nav-stacked">
  <li role="presentation"><a href="#!/dashboard">{{'dashboard' | i18n}}</a></li>
  <li role="presentation"><a href="#!/settings">{{'setting' | i18n}}</a></li>
  <li role="presentation"><a href="#!/categories">{{'category' | i18n}}</a></li>
  <li role="presentation"><a href="#!/albums">{{'album' | i18n}}</a></li>
  <hr />
  <li role="presentation"><a target="_blank" href="/">{{'go to home page' |
i18n}}</a></li>
</ul>
```

为了能使侧边栏中的表现样式可以体现出当前管理员所处在的管理页面，还需要为导航栏中的每一个导航链接加上样式判别。通过 Vue-Router 所提供的事件监听 API，在路由器的跳转事件被触发时，通知监听器跳转事件的详细情况。这样就可以利用事件中的跳转行为来确定当前页面处于哪一个管理页面上了，借此来改变导航栏的样式。

```
export default {
  data() {
    return {
      // 默认情况下，总览页为当前页面
      active: 'dashboard'
    }
  },

  ready() {
    this.$route.router.beforeEach(({ to, next }) => {
      // 例如：/categories/foobar 则会得知当前页面应该归为 categories
      this.active = to.path.split('/')[1]

      next()
    })
  },

  methods: {
    isActive(active) {
      // 根据当前的激活状态，返回一个用于改变页面元素样式类的对象
      return {
        active: this.active == active
      }
    }
  }
}
```

使用 isActive 方法返回一个对象让 Vue.js 明白哪一个导航链接需要展示成激活状态。

```
<li  role="presentation"  :class="isActive('dashboard')"><a  href="#!/dashboard">
{{'dashboard' | i18n}}</a></li>
<li role="presentation" :class="isActive('settings')"><a href="#!/settings">{{'setting'
| i18n}}</a></li>
```

4.10.3　路由配置

管理工具的路由配置与 Filmy 前台的路由配置方法相同，都是通过 Vue-Router 来将不同的路由组件绑定到相对应的 URL 地址上。不同的是，在 Filmy 的前台中，路由器会根据 URL 的不同，按照路由配置改变一整个页面的内容，但在管理工具中我们只需要更换页面中的一部分即可。其中的具体区别是，Vue-Router 中要求<router-view>标签所放的位置，Filmy 前台中<router-view>位于<body>标签之下，可以说是涵盖了一整个页面，而在管理工具中，我们需要将它放在一个小区域内。

```
<!-- Filmy Front -->
<body>
  <router-view></router-view>
</body>

<!-- Filmy Admin -->
<body>
  <sidebar></sidebar>
  <div id="router-wrapper">
    <router-view></router-view>
  </div>

  <style>
    #router-wrapper {
      width: 85vw;
    }
  </style>
</body>
```

通过下面这个路由配置表来将路由器与管理页面进行绑定即可。

- /dashboard —— 总览页面
- /settings —— 设置页面
- /categories —— 分类页面
- /albums —— 分类页面

其次，因为希望当管理员进入管理工具时，默认情况下会被引导到总览页中，那么就需要额外地为 \ 这个根目录做一个重定向，并导航到总览页面中。

与 Filmy 的前台不一样的是，管理工具关系到实例内容的安全，所以必须要在管理工具的登录和对内容进行操作的时候确认密码，以确保操作者是该 Filmy 的管理员并拥有管理权限。那么在正式进入页面之前就需要进行一次密码确认，即进行管理工具登陆。

```
const i18n = Vue.filter('i18n')

// 路由表
router.map({
  '/': {
    component: {
      ready() {
        router.go('/dashboard')
      }
    }
  },

  '/dashboard': { /* ... */ },
  '/settings': { /* ... */ },
  '/categories': { /* ... */ },
  '/categories/:name': { /* ... */ },
  '/albums': { /* ... */ },
  '/albums/:key': { /* ... */ }
})

// 登录管理工具
swalp({
  title: i18n('input password'),
  type: 'input',
  inputType: 'password',
  // ...
})
  .then(password => filmyBucket.fetchPutToken(password))
  .then(() => {
    // 登录成功，渲染页面
    router.start(Admin, '#admin')
  })
  .catch(() => {
    // 密码错误，报告错误
  })
```

4.11 相册发布页面

相册发布页面是整个管理工具中逻辑最为复杂的一个页面，其中需要处理两种操作，一种是发布新的相册，另一种是编辑一个已存在的相册。而这两种操作若要在同一个页面中实现，就需要很好地梳理逻辑。

管理页面的路由组件从总路由器中获得了管理员的请求行为以后，根据其中的 URL 信息进行判断该路由组件目前需要用于发布新的相册还是用于修改已有的相册。在路由表配置中所定义的规则是`/albums/:key`，其中默认情况下 `key` 这一参数会接受一个相册的 ID，而当这个参数为 `new` 时就可以将当前请求看作为创建一个新的相册，如图 4.42 所示。

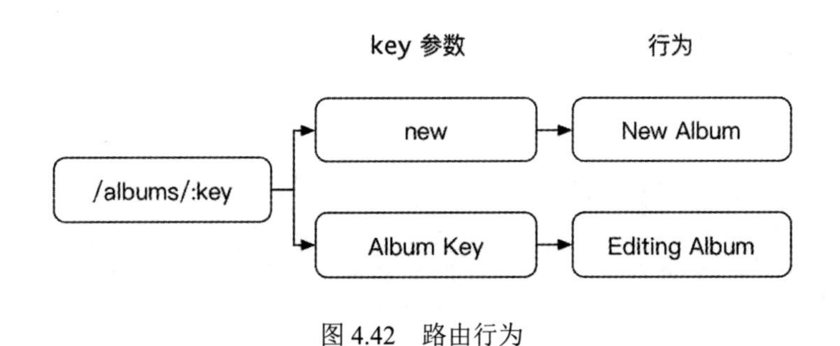

图 4.42 路由行为

4.11.1 基本逻辑

根据路由行为的设计，在整个管理页面中，大致需要完成以下的步骤：

1. 根据路由行为判断当前使用是否为修改已有页面。如果是则根据 URL 中的 `key` 参数获取对应的相册数据模型实例。

2. 页面根据相册数据模型来将数据绑定到页面中，如果数据不存在（即创建新相册）便留空。

3. 在页面中绑定一个区域元素和一个按钮，使其可以接受拖放上传文件和点击选择文件上传。

4. 当用户点击了提交按钮时，先判断照片组内哪一些照片是需要上传的，使用七牛云的 JavaScript SDK 来上传到云存储空间中，然后再将总体的照片集存储到数据模型中，最后提交数据更新。

4.11.1.1 绑定数据

根据第一个步骤和第二个步骤，需要根据路由器所传来的行为信息进行判断，是否需要修改某一个已存在的相册，如果是，便将其绑定到页面元素中去。

```
import Album from '../../models/Album'

export default {
  data() {
    return {
      album: {
        photos: []
      },
      model: null,
      new: false
    }
  },

  ready() {
    // 判断是否是创建新的相册
    if (this.$route.params.key === 'new') return this.new = true

    // 获取需要进行修改的相册对于的数据模型
    Album.fetch(this.$route.params.key)
      .then(album => {
        this.model = album
        this.album = album.getCacheData()
        // ...
      })
  }
}
```

4.11.1.2　绑定元素以接收文件上传

在七牛云的 JavaScript SDK 中，可以对页面中的一个按钮（或类按钮元素）进行绑定，当这个按钮被点击时会弹出一个文件选择窗口以选择需要上传的图片。另外七牛云的 JavaScript SDK 同样可以绑定一个占用空间较大的元素来作为文件拖放上传的响应处，当管理员将图片文件从操作系统的文件浏览器中拖放到这个元素区域内时，便会触发 `file` 事件。

```
<template>
  <div v-el:photos>
    <button v-el:add>Select Photo</button>
  </div>
</template>

<script>
  export default {
    // ...

    ready() {
```

```
    // ...

    qiniu.bind(this.$els.add, {
        filter: 'image'
      })
      .on('file', this.addPhoto)

    if (qiniu.supportDnd) {
      qiniu.bind.dnd(this.$els.photos, {
        filter: 'image'
      })
        .on('over', () => this.over = true)
        .on('out', () => this.over = false)
    }
  },

  methods: {
    addPhoto(file) {
      // ...
    }
  }
}
</script>
```

4.11.2 上传数据

对于大部分 Web 开发项目来说，逻辑最为复杂的部分不是展示部分，而是信息录入部分。在 Filmy 中便是指管理工具中的相册页面操作。从上面对这个页面的逻辑分析中我们得知，当这个页面用于对已有的相册进行修改时，需要处理新加入的图片，这些图片要通过七牛云的 SDK 上传到云存储空间中。而当这个页面用于创建新的相册时，所有的图片都需要进行上传。

4.11.2.1 图片上传逻辑

为了让程序在管理员点击提交按钮时知道哪些图片需要被上传，我们要使用一个容器来将这些需要上传的文件对象存储起来，这里便可以使用 ES2015 标准中新增的字典数据结构（Map）来完成。

```
data() {
  return {
    photosToUpload: new Map()
  }
}
```

接下来便可以在七牛云 SDK 的响应函数中对这个 Map 对象进行操作了。其中，我们可以使用从七牛云的 SDK 中返回的文件对象来将还没有上传的文件提前在页面上预览，这个预览的方式主要是使用浏览器中的 Blob 类型所提供的 Data URL API，这个 URL 我们正好也可以用来作为之前所定义的 Map 对象中的元素键。

需要说明的是，七牛云的 JavaScript SDK 原生提供对已经选择且尚未上传的图片文件进行缩略图预览的功能，而这个接口在大多数现代浏览器中会返回一个 Canvas 对象，我们便可以通过使用 Canvas 对象来生成对应的 Data URL。

```
methods: {
  addPhoto(file) {
    // 生成图片预览缩略图
    file.imageView({
      mode: 1,
      width: 125,
      height: 125
    }, (err, image) => {
      if (err) return

      // Canvas 对象
      image.toBlob(blob => {
        // 生成 Data URL
        const blobUrl = URL.createObjectURL(blob)

        // 修改数据层，使页面元素通过 Data URL 来展示预览缩略图
        this.album.photos.push(blobUrl)
        // 以 `url:file` 的形式将文件对象存储在 Map 对象中，等候上传
        this.photosToUpload.set(blobUrl, file)
      })
    })
  }
}
```

4.11.2.2 数据提交

当管理员完成了相册的修改或新内容填写后，便可以点击“完成”按钮，将数据保存到云端。在这个按钮的逻辑中，需要完成以下步骤：

1. 如果是创建新相册，则新建一个空的相册数据模型。

2. 将用于存储待上传图片文件的 `Map` 对象中所保存的文件对象全部上传到云存储空间中。

3. 将最终需要保存的数据更新到数据模型中，并保存到云端。

```
submit() {
  // 检查密码 password，并获取上传凭证 putToken
  const files = []
  for (const file of this.photosToUpload.values()) files.push(file)
```

```
  // 上传文件
  return Promise.all(
      files.map(file => {
        const key = `assets/photos/${Math.random().toString(32).substr(2)}`
        return filmyBucket.putFile(key, file, { putToken })
          .then(() => filmyBucket.key(key).url())
      })
    )
    .then(urls => {
      if (this.new) this.model = new Album()

      // 更新数据模型
      return Promise.all(
        this.model.set('title', this.album.title),
        this.model.set('content', this.album.content),
        this.model.set('category', this.album.category),
        this.model.set('photos', urls)
      )
    })
    // 更新数据至云端
    .then(password => Album.saveToCloud(password))
}
```

这便是上传数据的大致流程以及伪代码，实际代码请浏览 Filmy 的 GitHub 仓库。

4.12　打包发布

在完成了 Filmy 的功能开发后，便需要将所有的代码进行打包，以便发布到作为 Filmy 运行环境的七牛云的存储空间中。出于稳定考虑，我们决定使用 webpack 作为 Filmy 的打包工具。

4.12.1　准备工作

在使用 webpack 进行打包之前，需要先对代码结构进行梳理，以便能够使用最合适的方式进行打包。

Filmy 总共有三个页面入口：Filmy 前台、初始化页面、管理工具。这三个页面除了它们共同引用的基础层（如数据层）外，还有各自不同的逻辑代码，不同的页面也有不同的引用。如果将它们全部打包到一个文件中，显然会浪费很多不必要的空间，就好比管理工具默认情况下只会被少数人使用，并不需要让每一个浏览相对应 Filmy 实例的访问用户都能加载管理工具中的代码。

通过 webpack 中的多入口文件配置，可以自动根据引用情况打包成三个文件，分别对应三个页面使用，如图 4.43 所示。

- `web-build.js` —— Filmy 前台
- `init-build.js` —— 初始化页面
- `admin-build.js` —— 管理工具

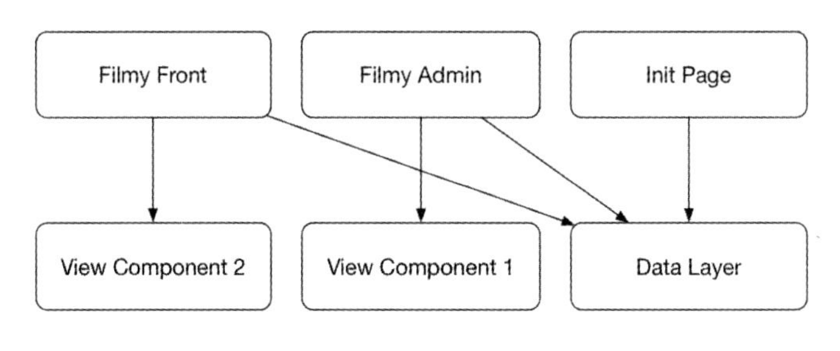

图 4.43　依赖关系

4.12.2　配置 webpack

使用 webpack 进行打包需要使用一个配置文件以描述打包方式和详细选项。因为我们依然希望 Filmy 能够运行在大部分浏览器中，所以对于一些对 ES2015 标准的支持度并不完全的浏览器，需要使用 Babel 来作为代码编译器，将代码编译为符合 ES5 标准的形式。另外，因为使用到了 Vue.js 的组件化开发模式，所以同样需要将我们所开发的 `.vue` 文件进行编译，使其能够运行在实际环境当中。

4.12.2.1　安装依赖

考虑到所有的情况以后，就需要对其中的依赖项进行安装。

```
$ npm install webpack babel-loader babel-preset-es2015 vue-loader json-loader --save-dev
```

4.12.2.2　编写配置文件

首先，根据 webpack 官方文档对多入口的描述，可以在配置文件中按下面的方式设定 entry 参数和 output 参数。

```
export default {
  entry: {
    web: './src/entries/main.js',
    admin: './src/entries/admin-main.js',
    init: './src/entries/init.js'
```

```
  },
  output: {
    path: __dirname + '/build/',
    filename: '[name]-build.js'
  }
}
```

除了对打包目标的配置以外，配置文件中还需要有对文件进行处理的插件配置，如 Babel 和 Vue.js 的配置等。

```
module: {
  loaders: [
    {
      test: /\.js$/,
      loader: 'babel',
      exclude: /node_modules/
    },
    {
      test: /\.vue$/,
      loader: 'vue'
    },
    {
      test: /\.json$/,
      loader: 'json'
    }
  ]
},
babel: {
  presets: [ 'es2015' ]
}
```

完成了对打包工具的配置后，就可以进行打包编译了。运行 webpack 打包工具的命令行程序，并使用-p 选项来表示对打包后的文件进行混淆和压缩。

```
$ webpack -p
```

> 这一条命令如果只通过前面的依赖安装是不能直接运行的，因为 webpack 工具并没有以系统全局依赖包的方式进行安装，而只是安装到了 Filmy 项目所在的文件夹中。所以需要先将 webpack 以全局安装的方式安装到开发环境中。

```
$ npm install webpack -g
$ webpack -p
```

> 如果担心全局安装的方式会造成开发环境的污染，那也可以使用被安装在当前项目目录中的 webpack 工具。

```
$ ./node_modules/.bin/webpack -p
```

当打包完成后，最终输出的文件会在 build 文件夹中，在 HTML 文件中则需要一一对应地将它们引用。

```html
<!-- Filmy Front -->
<script type="text/javascript" src="/build/web-build.js"></script>

<!-- Init Page -->
<script type="text/javascript" src="/build/init-build.js"></script>

<!-- Filmy Admin -->
<script type="text/javascript" src="/build/admin-build.js"></script>
```

4.12.3 发布到云端

完成了程序的打包后，就可以将真正在实际运行环境中的文件上传到七牛云的存储空间中了。出于便捷，可以使用七牛云官方提供的 qshell 工具[14]进行数据同步，先从七牛云的文档站点上下载 qshell 工具，并解压到本地。

根据 qshell 的文档，我们需要编写这样的一个配置文件，以将我们的本地文件同步到七牛云中。

```
{
  "src_dir"           :  "/path/to/filmy",
  "access_key"        :  "<Your AccessKey>",
  "secret_key"        :  "<Your SecretKey>",
  "bucket"            :  "filmy",
  "skip_file_prefixes" :  ".git,bin",
  "skip_path_prefixes" :  "node_modules/,src/"
}
```

根据实际情况替换掉其中的内容，运行 qshell 工具，使用 qupload 命令，并传入配置文件，这样便可以将 Filmy 的文件同步到七牛云中了。

在这之前要记得修改/assets/js/qiniu-url.js 文件，把即将上传到七牛云 Bucket 存储空间的对应 URL 地址填入到这个文件中，否则无法运行 Filmy 程序。

```
$ ./qshell qupload qshell-config.json
```

这样就可以在浏览器中打开http://exmaple.bkt.clouddn.com/admin/init.html来进行Filmy实例初始化了。

[14]https://github.com/qiniu/qshell

> example.bkt.clouddn.com 需要替换成你所使用的七牛云 Bucket 的对应 URL 地址。

4.13 小结

在这一章中，我们运用了 ES2015 标准的一些新特性完整地开发了一个无后端的前端项目 Filmy。

其中除了 JavaScript 代码的开发外，还讨论了许多在实际应用开发中会遇到的问题以及一些实用的小技巧等，同时使用到了 Vue.js、MinDB、webpack 等优秀的第三方库来进行开发，这些第三方库同样对 ES2015 标准提供了非常友好的 API 以供使用。

接下来，我们会将场景从前端转向后端，看看在后端开发中 ES2015 的新特性能为我们带来哪些新的可能性。

※ Filmy - GitHub https://github.com/iwillwen/filmy

第 5 章

ES2015 的 Node.js 开发实战

作为现代 JavaScript 开发不断发展的重要推动力，Node.js 已经成为了计算机领域中非常知名且优秀的技术方向。Node.js 的出现也让 JavaScript 甚至 ECMAScript 有了更多的应用空间和使用场景，由此也直接导致了开发者们对这门语言的新特性的追求。在 ES2015 标准中也能够体现出一些通过语言特性来助力 Node.js 应用开发的地方，比如新的数据结构等。

在本章中，我们将要构建一个以 Node.js 作为基础运行环境的简单赛事直播系统。这个赛事直播系统可以以文字和比分的形式简单直播一场双方对决比赛，这种形式在球类运动中非常常见，如篮球比赛、足球比赛等。其中，这个直播系统还会讨论一些关于性能优化方面的话题，比如如何通过架构技术来完成负载平衡和负载转移。

这个项目名为 Duel Living，其源代码跟上一章的 Filmy 一样会在 GitHub 上公开。

5.1　Duel Living 的功能规划

首先要明确的是，这个项目需要保持最小可用产品（Minimal Viable Products，MVP）的形式，即不会实现太多复杂的功能，而只是完成项目定位中最基础的功能。

Duel Living 的定位是一个非常简单的赛事文字直播平台，现实世界中也已经有了很多类似的产品，Duel Living 便以这样的一种产品形式演示如何利用 ES2015 标准中的新特性，更简单方便地实现项目需求。

5.1.1　基本产品组织

Duel Living 整体组织上分为两个部分：赛事观看者所使用的客户端和赛事直播主持人所使

用的直播端。客户端主要又可以分为两个页面：赛事列表页（主页）和赛事直播页。

图 5.1 所示为 Duel Living 原型设计图。

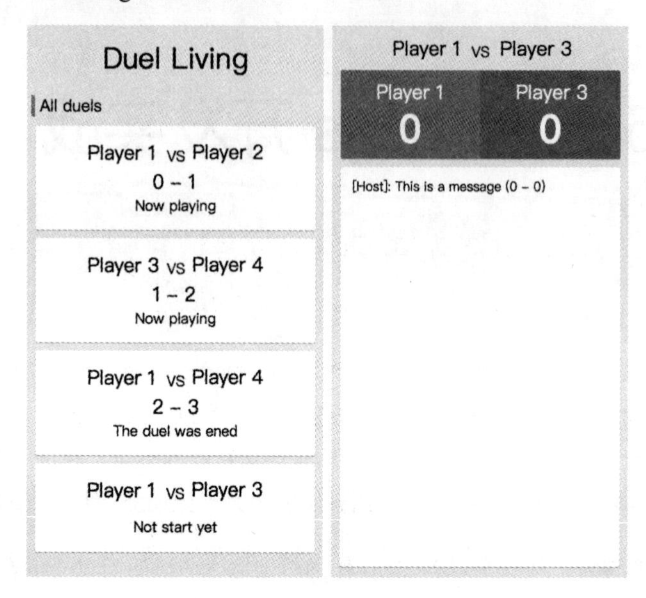

图 5.1 Duel Living 原型设计

如图所示，Duel Living 的功能可以尽可能做到精简。就如前文提到的，开发一个产品的首要任务是理清产品的业务。着眼于 Duel Living，这个项目的主要功能有：赛事的展示和管理、赛事过程中的文字直播和比分更新，如果再将目标定得更为远一些，可以对所有赛事中各个参赛方的数据进行记录，为统计做准备。

那么我们就可以大致地为 Duel Living 做一个功能规划了，具体应包含以下部分：

- 客户端
- 浏览赛事列表
- 进入赛事直播间
- 直播端
- 管理赛事信息
- 通过直播间文字直播赛事状况

5.1.2　数据结构

根据对 Duel Living 基础功能的规划，可以对其中需要用到的数据结构进行设置。Duel Living 所使用到的数据结构大致有：赛事（Duel）、消息（Message）。除此以外，为了能更好地为后续开发提供便利，我们也为参赛方（Player）和赛事主持人（Host）做数据结构的设计。

5.1.2.1　赛事（Duel）

赛事是这个项目中的基础数据结构，所有的开发都需要围绕赛事来进行，其中所包含的数据如表 5.1 所示。但这个数据结构也只是一个用于表示赛事固定数据的结构，产品最为核心的直播数据流，我们并不会以单一数据结构来实现。

表 5.1　赛事数据

名　称	标　题	类　型	含　义
objectId	赛事 ID	String	该赛事数据实例的唯一 ID
players	比赛双方	Relation[Player]	该赛事中比赛双方所对应的 Player 实例关系
status	赛事状态	Integer	该赛事的状态，0 为未开始，1 为比赛中，2 为已结束
scores	赛事比分	Object	该赛事目前的比分情况
hosts	赛事主持人	Relation[Host]	该赛事的主持人（Host）关系

同样是出于简化开发过程和提高开发体验的目的，Duel Living 并不会使用自行组建的数据库管理系统或运行环境，而是使用 LeanCloud 所提供的云服务作为其背后的基础设施。其中 LeanCloud 所提供的云端类数据库服务可以让 Duel Living 的程序直接通过网络与数据相关联，而 Duel Living 的服务端程序最终也会运行在 LeanCloud 的云引擎服务上，通过内网传输可以让数据连接更为快速和稳定。

其中 players 和 host 所使用的数据类型 Relation 便是 LeanCloud 数据服务中用于实现和表达数据结构之间关系的一种方法和数据类型。Relation 类型可以看作是一种以对象链接为元素的序列，程序通过对这一数据值的读取，可以获取这个 Relation 值中所指向的其他数据实例。players 和 hosts 都是一对多的关系，hosts 一对多的关系是因为在实际赛事中有可能存在一个以上的主持人一同主持同一局赛事的情况。

objectId 一栏是由 LeanCloud 系统自动生成的关于该赛事数据模型实例的唯一 ID，用于在系统中作为该实例的标识符。scores 则是一个以对象字面量形式来存储得分信息的数据值，因为 players 字段中 Relation 值所对应的 Player 数据模型同样也有 objectId 这一数据字段，所以 scores 会以 Player 的 objectId 作为对象的键，并以该参赛方的比分作为值，以存储当前赛事的比分情况。

示例数据

```
{
  "objectId": "...",
  "players": Relation["...", "..."],
  "status": 1,
  "scores": {
    "...": 1,
    "...": 2
  },
  "hosts": Relation["..."]
}
```

这里选择 LeanCloud 作为 Duel Living 的运行环境是出于以下几个原因：

1．Duel Living 这个项目的开发目的是更好地展示在 Node.js 应用开发中如何使用 ES2015 标准中的新特性，所以并不希望在环境部署和数据库使用这些方面浪费太多的时间。

2．LeanCloud 提供了非常方便的 LeanStorage，我们可以将它当成是一个无须部署、无须配置、开箱即用的数据库来使用，甚至连将会使用到的数据结构都无须在相关配置中手工进行设定，而是直接使用 SDK 来进行调用即可。

3．实际的 Node.js 应用开发过程中，除了有关的业务逻辑需要编写以外，还需要关心应用在生产环境中的运行情况、资源调度等问题，甚至连如何将代码发布到生产环境中都是一个值得研究的问题，但这显然并不是本书所希望介绍的。LeanCloud 的云引擎提供了一个非常方便且实用的 Node.js 应用运行环境，无论是代码的发布、应用的运行或是计算资源的调度都不需要开发者通过自行开发来实现，这非常符合 Duel Livin 的应用开发目的，所以我们选择了 LeanCloud 作为 Duel Living 的支撑平台。

另外，如今的实际应用开发已经越来越离不开云服务。从以前的完全自立门户、自行完成数据库、依赖环境的安装、代码的发布平台或是项目开发中团队的协作开发，到现在这些流水线上的每一个工序都会有相对应的云服务来提供十分优良而且方便的服务，通过使用这些云服务我们可以将非常有限的时间、精力、资源都放在与实际项目有关的业务开发上，这无论是对产品的开发或是开发团队的开发体验来说都是一个不可逆转的趋势。

5.1.2.2 消息（Message）

对于一个文字直播平台来说，除了赛事以外，直播过程中消息数据也十分重要，可以看作是整个直播平台的“血液”。通常情况下，直播间中的消息是指由直播主持人所发布的文本信息，并不包含过多的数据，而在实际开发和市场调研中可以发现，大部分情况下（如篮球、足球等球类竞技赛事）主持人发布消息的频率要远远高于赛事中的比分更新频率，而且每当赛事比分情况出现变化时，主持人都会相应的发布一条关于比分更新的消息。那么我们是否可以借此进行简化，将原本两个分开的数据类型捆绑在一起，以降低开发成本呢？

这显然是可以的，只需要将 Duel 中的 scores 在 Message 中再实现一次即可，而且还可以根据消息的先后顺序，对某一场赛事的比分变化情况进行简单的统计。除此以外，还需要明确消息是由哪一个主持人发出的，所以这里需要用到 Pointer 类型。Relation 类型是用于实现一对多关系的，而 Pointer 类型则是用于实现一对一的。通过 Pointer 类型，就可以将 Message 与 Duel 和 Host 进行绑定，使程序可以得知某一条消息应该发布到哪一个赛事下面，而这一条消息又是由哪一个主持人发出的。

而因为 LeanCloud 所创建的数据类型默认都会带有名为 createdAt 和 updatedAt 的时间类型字段，而对于 Message 来说显然并不需要在意其更新时间，所以我们就可以利用 createdAt 这一字段做时间排序，保持消息的时序性。表 5.2 所示为消息数据。

表 5.2 消息数据

名 称	标 题	类 型	含 义
objectId	消息 ID	String	该消息的唯一 ID
content	消息内容	String	该消息的文本内容
duel	赛事	Pointer[Duel]	该消息所属的赛事
scores	比分	Object	该消息所附带的比分信息
host	主持人	Pointer[Host]	该消息的发布主持人
createdAt	创建时间	Date	该消息的创建时间

示例数据

```
{
  "objectId": "...",
  "content": "...",
  "duel": Pointer["..."],
  "scores": {
    "...": 0,
    "...": 0
  },
  "host": Pointer["..."],
  "createdAt": ...
}
```

5.1.2.3　参赛方（Player）和主持人（Host）

出于简化开发的目的，参赛方（Player）所代表的数据类型我们并不会做过多的设计，而只为其设置一个 title 字段作为其代表标题即可。表 5.3 所示为参赛方数据。

表 5.3　参赛方数据

名　称	标　题	类　型	含　义
objectId	参赛方 ID	String	该参赛方的唯一 ID
title	标题	String	该参赛方的标题

主持人是直接以 LeanCloud 默认所提供的用户系统中的_User 类型作为背后数据结构的，这是为了方便我们在开发直播端的时候，可以直接使用 LeanCloud SDK 中的用户登录系统来让主持人进行登录。

除了 LeanCloud 默认的_User 数据类型外，我们还需要为这一个数据结构增加一个名为 nickname 的字段，以表示主持人在直播间中所显示的昵称。表 5.4 所示为主持人数据。

表 5.4　主持人数据

名　称	标　题	类　型	含　义
objectId	主持人 ID	String	该主持人的唯一 ID
username	用户名	String	该主持人用于登录的用户名
nickname	昵称	String	该主持人在直播间中的昵称
password	密码	String	用于登陆的密码

5.1.3　数据结构的关系

数据结构完成以后，就要梳理一下它们之间的关系了。首先要从最核心的赛事（Duel）开始，逐渐向其他数据结构进行关联。图 5.2 所示为数据关联示意图。

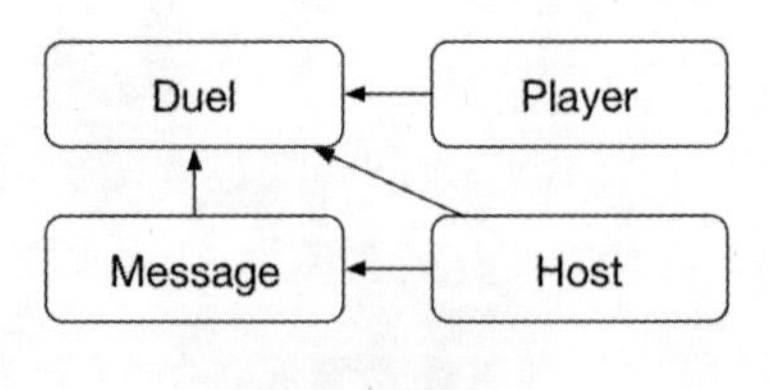

图 5.2　数据关联

5.2　数据层开发

明白了如何规划数据结构以后，我们便可以着手开发 Duel Living 的数据层了，当然在此之前还是要明确一下这个项目的代码文件结构。首先，Duel Living 与之前的 Filmy 不一样，Filmy 在定位上是一个无后端的纯前端 JavaScript 项目，但 Duel Living 是一个以后端为主的应用，所以在文件结构上也与 Filmy 有所区别。

5.2.1　文件结构

为了使源代码的结构能够简单易懂，我们还是以分块和分组件的形式进行保存。因为 assets 是 Duel Living 的前端程序文件夹，而其中的结构与上一章的 Filmy 大致相同，所以不做详细解释。

```
duel-living
  |- src                      # 后端程序文件夹
  |   |- controllers            # 后端逻辑控制器
  |   |- models               # 数据层
  |   |- libs                 # 工具库
  |   |- app.js               # 后端程序入口
  |   |- routes.js             # 路由表
  |- assets                   # 前端程序文件夹
      |- src
         |- entries
         |- router-components
         |- components
      |- libs
      |- css
      |- build
      |- admin
```

5.2.2　安装依赖

因为在 Duel Living 中，我们准备使用 LeanCloud[1]中所提供的数据服务来作为其数据层的背后支撑，同时也会将 Duel Living 运行在 LeanCloud 的云引擎上，所以需要先安装好开发前所需要的第三方依赖。

```
$ npm install leanengine@next --save
```

[1]https://leancloud.cn/docs/leanengine_webhosting_guide-node.html

必要的依赖安装好以后，我们还需要对这个 SDK 进行配置，参考 LeanCloud 的官方文档可以创建一个文件来对其进行配置，同时也可以作为这个 SDK 的别名文件。

```
// 代码清单: src/libs/lean.js
import AV from 'leanengine'

AV.init({
  appId: process.env.LEANCLOUD_APP_ID || 'APP ID',
  appKey: process.env.LEANCLOUD_APP_KEY || 'APP KEY',
  masterKey: process.env.LEANCLOUD_APP_MASTER_KEY || 'MASTER KEY'
})

AV.Cloud.useMasterKey()

export default AV
```

后面便可以通过引用这一个文件来代替直接引入 `leanengine` 这一个库了。

```
import AV from './libs/lean'
```

5.2.3　主持人数据和参赛方数据

从数据结构的关系来说，因为赛事数据和消息数据都对赛事数据有依赖关系，所以先从主持人数据和参赛方数据这两个不存在依赖关系的数据结构开始开发。其中需要注意的是，在 LeanCloud 所提供的 JavaScript SDK 中，数据结构是以类的形式来使用的，但是我们并不会直接使用 LeanCloud SDK 中的数据模型类来作为数据层类，因为在不详细阅读这个 SDK 的源代码的情况下我们并不敢确定其中还会有什么逻辑代码，若贸然将其作为数据层的父类，很有可能会出现并不想出现的情况。所以出于稳妥，还是将其分离，对 LeanCloud SDK 中的类单独使用。主要的数据层类依然使用 ES2015 标准中的类语法实现。

表 5.5 和表 5.6 所示分别为参赛方数据结构和主持人数据结构。

表 5.5　参赛方数据

名　称	标　题	类　型	含　义
objectId	参赛方 ID	String	该参赛方的唯一 ID
title	标题	String	该参赛方的标题

表 5.6　主持人数据

名　称	标　题	类　型	含　义
objectId	主持人 ID	String	该主持人的唯一 ID
username	用户名	String	该主持人用于登录的用户名
nickname	昵称	String	该主持人在直播间中的昵称
password	密码	String	用于登陆的密码

首先还是要引入之前配置好的 LeanCloud SDK 别名文件，还有必需的类型，如 Node.js 中的事件响应器 EventEmitter。因为在 ES5 标准中，如果要通过 CommonJS 标准的形式获取到这个 EventEmitter 类，就需要先引入 events 这个模块，然后再获得其中的 EventEmitter 类。在 ES2015 中可以用更为直观的局部模块加载语法。

```
import AV from '../libs/lean'
import { EventEmitter } from 'events'
```

通过 LeanCloud SDK 声明一个数据结构以后就可以直接使用了，首先声明一个 Player 以代表在 LeanCloud 中的参赛方数据结构。

```
const PlayerObject = AV.Object.extend('Player')
```

然后就使用 ES2015 中的类语法来创建我们程序中实际会使用到的数据模型类，为了能让程序使用事件模型来进行开发，就让这个类继承于从 events 模块中获取的 EventEmitter 类，并且别忘了在类的 constructor 构造器函数中使用 super()来实现 EventEmitter 的属性。为了让 Player 类能有默认属性，我们将为构造函数中的 title 赋予一个默认参数，虽然在实际中并不会用到，但是出于工程严谨还是将其加上为好。

从构造函数中获得了 title 后，就可以首先为当前实例设置一个 LeanCloud 数据模型实例并将其保存了，而且这个模型在完成了与云服务的通信（即保存）以后，便会通过 ready 事件通知逻辑程序该数据实例在云服务上已经可用。将保存后的数据模型实例作为实例属性保存在实例中，以便后面使用。

```
class Player extends EventEmitter {
  constructor(title = 'Player') {
    super()

    this.title = title

    const playerObject = new PlayerObject()
    playerObject.set('title', title)
    playerObject.save()
      .then(player => {
```

```
      this.object = player
      this.emit('ready')
    })
  }
}
```

然后为其加入一些实用的实例方法和类方法，如获取一个用于数据传输对象字面量、通过 `objectId` 来获取某一个参赛方实例、获取所有的参赛方等。其中因为通过 LeanCloud SDK 的搜索 API 所能获得的是对应的数据实例，所以需要为自己的类加上一个包装函数，以将 LeanCloud 的数据实例包装成我们的类实例，而且还需要对前面的 `constructor` 进行修改，因为如果在 `constructor` 中创建新的数据模型的话，便会在对已有的数据实例进行包装时出现不必要的数据冗余。

```
// 代码清单: src/models/Player.js
import AV from '../libs/lean'
import { EventEmitter } from 'events'

const PlayerObject = AV.Object.extend('Player')

class Player extends EventEmitter {
  constructor(title = '', save = true) {
    super()

    this.title = title

    if (save) {
      const playerObject = new PlayerObject()
      playerObject.set('title', title)
      playerObject.save()
        .then(player => {
          this.object = player
          this.id = player.id
          this.emit('ready')
        })
        .catch(err => this.emit('error', err))
    }
  }

  plain() {
    return {
      id: this.id,
      title: this.title
    }
  }

  static fetch(id) {
```

```
    return new Promise((resolve, reject) => {
      const query = new AV.Query(PlayerObject)
      query.get(id)
        .then(object => resolve(Player.wrap(object)))
        .catch(reject)
    })
  }

  static fetchAllPlayers() {
    const query = new AV.Query(PlayerObject)

    return query.find()
      .then(results => results.map(Player.wrap))
  }

  static wrap(object) {
    const player = new Player(object.get('title'), false)
    player.id = object.id
    player.object = object
    return player
  }
}

export default Player
```

另一方面，上一节中提到过，主持人方面会直接使用 LeanCloud 中的`_User`原生表进行数据背后的存储，因此主持人方面的数据层开发较其他方面来说应该会较为简单。LeanCloud 也为用户系统提供了非常成熟的 API，为开发节省了许多复杂、冗长的逻辑程序，其中就包括了用户密码的加密、用户的注册与登录、登录会话等。

```
class Host extends EventEmitter {
  constructor(username = '', nickname = '', password = null) {
    super()

    this.username = username
    this.nickname = nickname

    if (password) {
      const host = new AV.User()
      host.setUsername(username)
      host.setPassword(password)
      host.set('nickname', nickname)
      host.signUp()
        .then(loginedHost => {
          this.object = loginedHost
          this.emit('ready')
        })
```

```
        .catch(err => this.emit('error', err))
    }
  }
}
```

同样地，也需要为 Host 加上一些必要的方法。

```
// 代码清单：src/models/Host.js
import AV from '../libs/lean'
import { EventEmitter } from 'events'

class Host extends EventEmitter {
  constructor(username = '', nickname = '', password = null) {
    super()

    this.username = username
    this.nickname = nickname

    if (password) {
      const host = new AV.User()
      host.setUsername(username)
      host.setPassword(password)
      host.set('nickname', nickname)
      host.signUp()
        .then(loginedHost => {
          this.object = loginedHost
          this.emit('ready')
        })
        .catch(err => this.emit('error', err))
    }
  }

  plain() {
    return {
      username: this.username,
      nickname: this.nickname
    }
  }

  static login(username = '', password = '') {
    return new Promise((resolve, reject) => {
      AV.User.logIn(username, password)
        .then(loginedHost => {
          const host = new Host(username, loginedHost.get('nickname'))
          host.object = loginedHost
          resolve(host)
        })
        .catch(reject)
    })
```

```
  }

  static wrap(object) {
    const username = object.get('username')
    const nickname = object.get('nickname')

    const player = new Host(username, nickname)
    player.id = object.id
    player.object = object
    return player
  }
}

export default Host
```

5.2.4　赛事数据

赛事数据是 Duel Living 的核心数据结构，因此对其的数据操作也较为复杂，表 5.7 所示为赛事数据结构。

表 5.7　赛事数据

名　称	标　题	类　型	含　义
objectId	赛事 ID	String	该赛事数据实例的唯一 ID
players	比赛双方	Relation[Player]	该赛事中对比赛双方所对应的 Player 实例关系
status	赛事状态	Integer	该赛事的状态，0 为未开始，1 为比赛中，2 为已结束
scores	赛事比分	Object	该赛事目前的比分情况
hosts	赛事主持人	Relation[Host]	该赛事的主持人（Host）关系

前面的部分与 Player 和 Host 基本相同，不同的是赛事数据对参赛方数据和主持人数据存在依赖关系，其中 `players` 和 `hosts` 字段都需要加入对 Player 和 Host 的引用，用到的便是 Relation 类型。

```
const DuelObject = AV.Object.extend('Duel')

constructor(players = [], scores = {}, hosts = [], status = 0) {
  // ...

  const duelObject = new DuelObject()
  duelObject.set('status', status)
  duelObject.set('scores', scores)

  const playersRelation = duelObject.relation('players')
```

```
  for (const player of players)
    playersRelation.add(player.object)

  const hostsRelation = duelObject.relation('hosts')
  for (const host of hosts)
    hostsRelation.add(host.object)

  duelObject.save()
    .then(duel => {
      this.object = duel
      this.id = duel.id
      this.emit('ready')
    })
      .catch(err => this.emit('error', err))
}
```

根据对产品功能的大致估计，我们可以为赛事数据设置以下功能：

- 创建新的赛事
- 读取已有的赛事信息
- 获取指定的赛事
- 根据指定赛事状态获取赛事信息
- 更新赛事比分
- 更新赛事状态

按照这个设计为 Duel 添加方法接口，其中使用到的 AV.Query 是 LeanCloud SDK 中用于对数据进行搜索和获取的接口，像读取已有的赛事信息、获取指定的赛事、根据指定赛事状态获取赛事信息等，都需要用到这个 API。

```
updateStatus(status) {
  this.object.set('status', status)
  return this.object.save()
}

// ...

static fetchDuelsPlaying() {
  const query = new AV.Query(DuelObject)
  // status: 1 - Playing
  query.equalTo('status', 1)
  return new Promise((resolve, reject) => {
```

```
    query.find()
      .then(results => results.map(Duel.wrap))
      .then(promises => Promise.all(promises))
      .then(resolve)
      .catch(reject)
  })
}
```

5.2.5 消息数据

消息数据是赛事直播间中不断接收到的数据流中的每个个体数据的数据结构，因为要使消息数据能够与其他数据形成相关联的关系，所以需要用到 Pointer 类型。表 5.8 所示为消息数据结构。

表 5.8　消息数据

名　称	标　题	类　型	含　义
objectId	消息 ID	String	该消息的唯一 ID
content	消息内容	String	该消息的文本内容
duel	赛事	Pointer[Duel]	该消息所属的赛事
scores	比分	Object	该消息所附带的比分信息
host	主持人	Pointer[Host]	该消息的发布主持人

Pointer 的使用方法跟普通的数据值并没有什么区别，都是将其他数据模型的实例作为值保存在数据模型实例内。但是这需要使用直接由 LeanCloud SDK 生成的实例对象，所以在前面的数据层开发中，我们将从 LeanCloud SDK 中获得的实例对象保存在 Duel Living 的数据实例中，在需要使用到实际的数据实例时，就直接使用保存好的实例对象即可。

```
const MessageObject = AV.Object.extend('Message')

// ...

class Message extends EventEmitter {
  constructor(duel = null, content = '', scores = {}, host = {}, save = true) {
    // ...

    const messageObject = new MessageObject()
    messageObject.set('duel', duel.object)
    messageObject.set('content', content)
    messageObject.set('scores', scores)
    messageObject.set('host', host.object)
```

```
    messageObject.save()
      .then(message => {
        this.object = message
        this.id = message.id
        this.emit('ready')
      })
      .catch(err => this.emit('error', err))
  }
}
```

当用户打开某一个直播间时，自然不可能等到下一条信息传入才在界面中出现内容。所以鉴于产品使用的合理性，在用户打开某一场赛事的直播间时应该可以看到在他进入直播间前的若干条消息。因为在消息数据中，存在通过 Pointer 来实现关联的赛事信息，所以可以通过这一关联来获取到某一场赛事中的符合某些条件的若干条消息，这需要使用 `AV.Query` 来实现，同时还需要先获取对应的赛事数据实例。

```
static fetchMessagesByDuel(duel, count) {
  const query = new AV.Query(MessageObject)

  query.equalTo('duel', duel.object)
  // 按创建时间倒序排序
  query.descending('createdAt')
  query.limit(count)

  return query.find()
    .then(objects => objects.map(Message.wrap))
    .then(promises => Promise.all(promises))
}
```

另外，为了能够让消息数据被保存到云服务后能够迅速被分发到直播网络中，我们可以在消息数据层中加入一个事件触发器，让需要第一时间得知新消息数据产生的程序与之相关联。

```
const emitter = new EventEmitter()

// ...

messageObject.save()
  .then(message => {
    // ...

    emitter.emit('message', this)
  })
```

通过一个类的静态方法，让外部程序能够与这个事件触发器相关联。

```
static onNewMessage(callback) {
  emitter.on('message', callback)
}
```

5.3 服务端基本架构开发

在第三章关于生成器（Generator）的内容中，我们提到了生成器运行特性的使用。通过使用生成器函数作为逻辑运行载体，将原本需要使用回调函数或者事件响应函数来取得异步操作结果的方式，转变为用类似于同步代码的方式完成，这一技术在异步操作更多、逻辑更为复杂的后端开发中，可用性更大。

在这方面早已经有 co 这样的类库诞生并投入了使用，更有 Koa 这种使用该技术的服务端程序开发框架。Duel Living 的服务端程序就将会基于 Koa 服务器开发框架来进行开发，Koa 是一个基于 co 的 Web 开发框架，开发理念是让服务端程序中复杂的、多层嵌套的异步操作能够被同步代码的形式所代替。

```
import koa from 'koa'
import fs from 'fs'
import path from 'path'

// 构建一个以 Promise 作为响应方式的文件读取函数
function readFile(...args) {
  return new Promise((resolve, reject) => {
    fs.readFile(...args, function(err, data) {
      if (err) return reject(err)

      resolve(data)
    })
  })
}

const app = koa()
app.use(function*() {
  // 读取文件数据
  const fileData = yield readFile(path.join(__dirname, 'package.json'))

  // 输出响应内容
  this.body = fileData
})
app.listen(8080)
```

5.3.1 安装依赖

与大家较为熟悉的 Express 服务端开发框架不同，Koa 的内部架构非常简洁，开发团队努力将 Koa 自身的功能最精简化，并将其他各种功能以中间件的形式发布成第三方库。实际上，

Express 和 Koa 这两个开发框架都出于同一个团队之手，而它们却有着完全不一样的定位。

Express 被定位为一个成熟的、可靠的、完整的 Node.js 服务端开发框架，几乎提供了绝大部分 Node.js 服务端应用所需要使用到的功能，并以中间件或插件的形式提供。如今更是有很多基于 Express 的“手脚架”工具，可以帮助开发者快速地创建一个可用 Express 服务端程序。所以很多企业出于稳定性和可靠性的角度考虑，都会优先选择 Express 作为他们 Node.js 服务端应用的开发基础。

而 Koa 则被定位为一个非常精简的 HTTP 服务端包装器，它仅有为 Node.js 原生的 HTTP 服务端提供一个逻辑层面上的包装和中间件平台这一个功能，其余所有的功能都需要使用第三方中间件的组合才能实现。但它自身不到 2000 行的代码却能给开发者非常多想象空间，对 ES2015 标准广泛灵活的应用更是它的一大特点。

所以为了尽可能精简 Duel Living 的应用架构，同时也为了将 ES2015 标准的应用程度提高，我们采用 Koa 作为服务端程序的基本开发框架。要开发一个完整的 Koa 应用程序，需要安装如下使用到的依赖。

- koa
- koa-router，用于 Koa 的路由器库
- koa-bodyparser，用于解析 POST 或者 PUT 请求中的请求数据内容
- koa-static，用于为 Koa 创建一个静态文件服务器
- koa-mount，用于将某个 Koa 中间件绑定在某一个子目录下
- koa-etag，用于为 Koa 的请求响应打上 ETag 标签，为缓存做准备
- koa-conditional-get，用于让 Koa 程序支持根据 ETag 来判断是否加载浏览器缓存的 GET 请求
- koa-connect，用于兼容 connect 框架与 Koa 框架

我们还是通过 npm 来安装这些第三方依赖。

```
$ npm install koa koa-router koa-bodyparser koa-static koa-mount koa-etag
koa-cnoditional-get koa-connect --save
```

5.3.2 程序入口

无论是基于 Koa，还是基于其他服务器开发框架，首先都要定义一个程序的入口文件。在文件的头部，我们将之前所安装的依赖引入，另外为了后面使用方便，也将 Node.js 的原生模块 http 引入。根据 LeanCloud 官方文档中关于云引擎使用方法的介绍，还需要将 LeanCloud SDK 中所提供的中间件也传入到 Koa 的应用实例中，将之前配置好的 LeanCloud SDK 引入。

```
import http from 'http'
import koa from 'koa'
import bodyParser from 'koa-bodyparser'
import staticServe from 'koa-static'
import etag from 'koa-etag'
import conditional from 'koa-conditional-get'
import AV from './libs/lean'
```

根据 Koa 官方文档介绍的使用方法，我们需要创建一个 Koa 应用实例，并以这个应用实例为中心，将各种功能的中间件和路由响应器传入到其中。

```
const server = http.createServer()
const app = koa()

app.use(etag())
app.use(conditional())
app.use(bodyParser())
app.use(staticServe(path.join(__dirname, '../assets'), {
  maxAge: 24 * 60 * 60
}))
app.use(AV.koa())

server.on('request', app.callback())
server.listen(process.env.LEANCLOUD_APP_PORT || 8080, () => {
  console.log('Duel Living is running')
})
```

其中的 `app` 对象便是这个 Koa 的应用实例，`app.use()` 方法用于将各种中间件引入到这个应用实例对象中，使这个应用对象取得来自客户端的请求时，便会执行这些中间件中的处理逻辑，为后面的路由响应做准备。

5.3.3 路由表

通过路由表文件，我们可以看到一个应用实例中存在哪些资源可以访问的路由列表。通过整理路由表，以及为响应函数良好命名，可以让程序的可读性变得更好，甚至让后期维护变得更简单。

通过 koa-router 可以构建出一个来自客户端请求的符合路由表规定的路由规则，并将访问请求正确地引导到相应的路由响应器上。

```
// src/routes.js
import Router from 'koa-router'

const app = Router()
```

将这个路由器对象作为一个文件的模块值，就可以在入口程序中进行引入，并且接入到 Koa 应用实例中。

```
// src/routes.js
export default app

// app.js
import router from './routes

app.use(router.routes())
app.use(router.allowedMethods())
```

通过这个由 koa-router 创建的 app，可以将特定的路由规则与相应的响应函数相关联。接下来利用之前开发好的数据层，根据我们所设计的原型功能来写出业务逻辑。

5.4 API 开发

还记得上一章中，我们将 Filmy 这个项目做成了一个无后端的前端项目。实际上，这种形式是由一种叫前后端分离的技术逐渐演变而成的。前后端分离技术可以理解为前后端之间的交互方式逐渐从约定制通信变成以统一 API 的方式进行交流，而且 API 的使用权限是完全或部分对外开放的，产品自身的客户端也并没有使用太多的私有接口。

5.4.1 API 安全

虽说 API 接口是对外开放的，但是出于性能、软硬件、安全性等角度考虑，对外开放的 API 也需要实施一些安全性措施。一般来说对外开放的 API 接口的安全措施或者请求凭证措施有以下三种：

- 静态权限凭证
- OAuth 权限凭证
- 自签名权限凭证

静态权限凭证就好比文件传输协议（File Transfer Protocol，FTP）中的使用用户名和密码登陆，通过既定的权限凭证静态地访问被请求资源，而无须对凭证加密或处理。这种方法是三种安全措施中最为简单但是安全性最差的一种。

OAuth 权限凭证是近年来社交网络服务（Social Network Site，SNS）迅速发展的产物，它的特点在于可以让用户在通过某些程序访问一个多用户资源时，可以确认自己的身份，也可以避免错误地访问其他用户的资源。OAuth 的一个安全措施是，用户必须在资源提供方所展示的登陆页面上通过自身所掌握的登录凭证（如用户名和密码）来换取一个具有时效性的登陆码，然后请求资源的程序再用它换取一个具有时效性和加密不可逆性的资源访问代码（Access Token），以此来访问该用户和该应用程序之间权限交集所包含的资源。

自签名权限凭证一般用于一些不需要或不方便通过用户自身的人机交互来获得凭证代码以进行资源请求的场合，如第三方开发者服务的 API 等。当这些资源在不方便由终端用户进行操作的情况下，便需要一种能完全依靠程序便能进行权限凭证计算的权限认证方式。一般这种权限凭证都会给出一对密钥（公钥和密钥），通过这对密钥与随机因子（如时间戳等）进行非对称加密的方式计算出具有时效性、加密不可逆性的资源访问代码，这种方式同样具有较高的安全性。

回过头来看看 Duel Living 的性质定义，首先 Duel Living 并没有严格意义上的用户系统，所以并不存在需要区分每一个用户权限内资源的情况。在开发数据层的时候我们也提到过，这个项目中唯一需要登录的地方便是为主持人提供的直播端，主持人的角色通过 LeanCloud 所提供的用户系统可以实现，那么也可以通过这个来为具有安全性敏感的 API 提供权限认证措施。

5.4.2 赛事 API

首先要实现一些不需要在意安全性和性能影响的 API，如获取赛事列表等，但是在实际的项目开发中，这一类 API 接口同样也是需要利用安全性措施来限制资源访问方的获取频率的，以防出现因为不受限制的“爬虫”程序而使得系统堵塞崩溃。

因为赛事数据是与其他所有的数据结构都相关联的，所以首先要将所有的数据类型都引入进来。

```
import Duel from '../models/Duel'
import Player from '../models/Player'
import Message from '../models/Message'
import Host from '../models/Host'
```

为了提高代码的可读性，我倾向于先用一个带有相应 HTTP 请求方法的命名空间来存储控制响应函数。对于赛事来说，我们只需要使用最基本的 GET 和 POST 请求方法即可。

```
const router = {
  get: {},
  post: {}
}
```

5.4.2.1　获取当前可用的所有赛事信息

我们只需要利用数据层中的 Duel.fetchAllDuels()方法来获取当前可用的所有赛事信息，并将返回的数据回传到请求客户端即可。

```
router.get.fetchAllDuels = function*() {
  const duels = yield Duel.fetchAllDuels()

  this.body = {
    duels: duels.map(duel => duel.plain())
  }
}
```

可以看到，使用生成器的特性来实现的“异步代码同步化”可以让代码变得干净且直观，大大地提高了代码的可读性，同时降低了维护难度。可以发现，co 和 Koa 可以将之前使用 Promise 作为返回值的数据层接口变成以同步代码方式进行使用的接口。当然 co 和 Koa 除了可以将 Promise 同步化以外，还可以实现生成器嵌套，即在一个“同步化代码”生成器中再引用另外一个“同步化代码”生成器，以达到让绝大部分的异步代码都实现同步化的效果。

```
function* fetchAllDuels() {
  return yield Duel.fetchAllDuels()
}

router.get.fetchAllDuels = function*() {
  const duels = yield fetchAllDuels()

  this.body = {
    duels: duels.map(duel => duel.plain())
  }
}
```

5.4.2.2　获取指定赛事数据

在现代第三方 API 中，我们常常看到许多遵循 RESTful URL 规范进行定义的 API。对比以前的 API 范例，可以看到一些非常明显的区别和优劣性，大家可用通过表 5.9 中的内容去探究 RESTful URL 与非 RESTful URL 的差异。

表 5.9　RESTful URL 与非 RESTful URL 的比较

非 RESTful API	GET http(s)://example.com/get_duel.php?id=foobar
RESTful API	GET http(s)://exmaple.com/api/duel/foobar

RESTful 规范将语义化的原则带到了 URL 设计中，让 URL 设计更直观，可读性更高。另外有一些请求客户端（如浏览器）的缓存机制对非 RESTful 的 API 并不友好，可以结合一些可控的缓存机制改善这种情况，让 API 的 URL 对开发者来说友好，同时也能优化终端用户的体验。

Duel Living 若要获取某一个指定赛事的数据，就要设置一个相关的 API，这个 API 接口的 URL 按如下方式设计。

```
/api/duel/:id
```

其中的:id 是这个 URL 中的参数，通过对这个 URL 路由规则进行处理，可以将符合这一规则的请求引导到相应的路由响应器上，并传入其中的参数。在 Koa（配合 koa-router）中，可以通过 `this.params` 方式取得请求 URL 中的参数。

```
// GET /api/duel/:id
router.get.fetchDuel = function*() {
  // 通过 ID 获取相应的赛事数据
  const duel = yield Duel.fetch(this.params.id)
  // 获取最新的 20 条消息数据
  const messages = yield Message.fetchMessagesByDuel(duel, 20)

  // 返回数据到客户端
  this.body = {
    duel: duel.plain(),
    messages: messages.map(message => message.plain())
  }
}
```

5.4.2.3　创建新的赛事

除了用户可以通过客户端页面浏览到直播赛事以外，主持人也可以通过直播端来创建和管理赛事信息。而一个新创建的赛事所必须要有的信息是比赛双方的参赛方数据，所以主持人需要在直播端的赛事创建页面中填写参赛方的数据或者创建一个新的参赛方。这一步骤需要数次不同的异步操作，这里更能体现使用生成器作为逻辑代码运行载体让异步代码“同步化”的好处了。

在入口文件中，我们将一个名为 koa-bodyparser 的中间件引入到这个 Koa 应用实例中。这个中间件可以帮我们解析从客户端发送到服务端程序的 POST 和 PUT 请求中的数据内容。在关于 POST 和 PUT 请求的路由响应器中可以通过 this.request.body 来取得解析好的数据。

```
// POST /api/duels/new
router.post.newDuel = function*() {
  // 获取在直播端中所指定的参赛双方数据实例 ID
  const playersId = this.request.body.players

  // 获取双方的数据实例
  const players = yield Promise.all(
    playersId.map(id => Player.fetch(id))
  )
}
```

前面说明了 Duel Living 的 API 安全机制采用 LeanCloud 中的用户系统所提供的 API 来实现，这里则需要用到 Session 技术，将登陆后的主持人数据保存在与当前客户端的会话当中。在 Duel Living 的入口程序文件中，我们为 Koa 的应用实例引入 LeanCloud SDK 中的 Cookie Session 中间件。因为原本这个中间件是为 connect 库所使用的，所以需要用到 koa-connect 这个库来完成一个对接兼容的工作。

```
// src/app.js
import connect from 'koa-connect'
import AV from './libs/lean'

// ...

app.use(connect(AV.Cloud.CookieSession({
  secret: 'duel-living',
  maxAge: 3600000,
  fetchUser: true,
  framework: 'koa'
})))
```

这样就可以在需要验证主持人身份的 API 接口中对当前会话所对应的主持人身份进行权限判断了，这里只需简单地确认是否是已经登录的主持人所进行了操作即可。

```
// POST /api/duels/new
router.post.newDuel = function*() {
  if (!this.req.currentUser)
    return this.body = {
      error: 'not logined'
    }

  // ...
}
```

赛事数据中需要有主持人的关联数据，所以通过数据层中的 Host.wrap 方法来将当前会话中登陆的用户数据对象实例包装成主持人数据实例，以供其他数据类型使用。

```
const duel = new Duel(
  players,
  { [playersId[0]]: 0, [playersId[1]]: 0 }, // 初始比分状态
  [ Host.wrap(this.req.currentUser) ]
)
```

在此处表达初始比分状态的对象字面量中，表达属性键的部分我们使用了 ES2015 标准中的可动态计算的属性名这一特性，因为 playersId[0]是一个需要执行后才可得知其值的表达式，所以无法直接作为对象字面量的属性键，通过可动态计算的属性名可以让代码变得更为直观和易懂。如果没有这一特性，就需要先将这个对象字面量用展开赋值的形式创建。

```
// without ES2015
var scores = {}
scores[playersId[0]] = 0
scores[playersId[1]] = 0
```

最后将其返回至客户端即可，当然如果你担心返回到客户端之后数据的保存没有完成，也可以通过监听 Duel 实例的 ready 事件，在确保数据保存成功后再返回到客户端。

```
// 等待 ready 事件的触发
yield new Promise(resolve => duel.once('ready', resolve))

this.body = {
  duel: duel.plain()
}

// POST /api/duels/new
router.post.newDuel = function*() {
  if (!this.req.currentUser) return this.body = {
    error: 'not logined'
  }

  const playersId = this.request.body.players

  const players = yield Promise.all(
    playersId.map(id => Player.fetch(id))
  )

  const duel = new Duel(
    players,
    { [playersId[0]]: 0, [playersId[1]]: 0 },
    [ Host.wrap(this.req.currentUser) ]
  )
```

```
  yield new Promise(resolve => duel.once('ready', resolve))

  this.body = {
    duel: duel.plain()
  }
}
```

5.4.3 消息 API

在 Duel Living 中除了赛事数据之外，最重要的数据便是直播间中的消息数据。需要注意的是，我们不能将用户所使用的客户端与主持人所使用的直播端置于同一个直播流网络当中，因为如果将主持人所使用的直播端加入到客户端所在的直播网络当中，很有可能会造成直播端不稳定，出现直播失败等情况。所以需要将主持人所使用的直播端从直播网络中分离出来，单独以非实时数据的形式，单向地将新的消息数据先发送到存储数据的 LeanCloud 云平台上，再由服务端程序将新的消息数据分发到直播网络中，如图 5.3 所示。

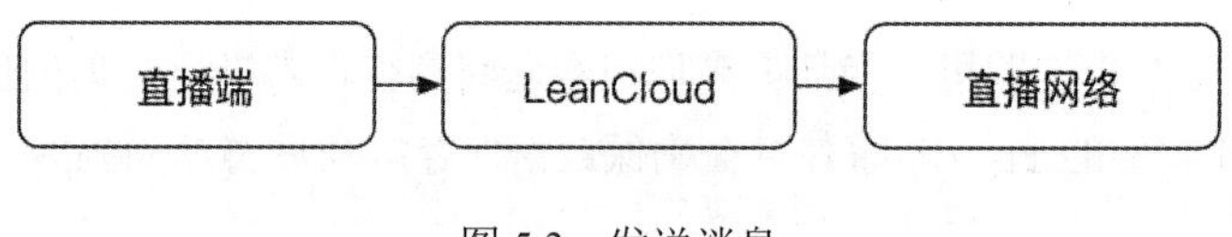

图 5.3　发送消息

因为消息数据与赛事数据紧密相关联，所以我们依然是通过赛事 API 的接口来处理对消息数据的管理请求。

5.4.3.1　获取指定赛事中的若干消息

虽然在上面获取指定赛事数据中也已经将该赛事最新的 20 条消息连同赛事数据一同返回到客户端中。但是如果在某些情况下，客户端需要获取更多的已有消息数据，就需要单独地提供一个 API 来实现这一需求。

除了能够获取请求 URL 中对应路由规则所规定的参数以外，还可以获取到请求 URL 中的查询参数（Query Params），即 URL 后半部分?`foo=bar` 中的参数。

```
// GET /api/duel/:id/messages?count=[count]
router.get.fetchDuelMessages = function*() {
  // 这一个参数代表获取消息的数量，默认为 20
  const count = parseInt(this.query.count) || 20

  const duel = yield Duel.fetch(this.params.id)
  const messages = yield Message.fetchMessagesByDuel(duel, count)

  this.body = {
```

```
    messages: messages.map(message => message.plain())
  }
}
```

5.4.3.2　发布消息到指定赛事

因为主持人所使用的直播端和用户所使用的客户端并没有直接地相关联，所以直播端中发送消息的逻辑也变得更为简单，只需要将数据保存到云服务中即可。

另外因为从调研中我们可得知赛事比分更新的频率是低于消息推送的频率的，所以在直播端中可以有所简化，将需要更新的比分状态与消息相捆绑，每一条消息中会带有发送消息时赛事的比分情况。这样当客户端从直播网络中接收到消息数据时，便可以利用消息中的比分情况更新客户端中的赛事比分数据。

```
// POST /api/duel/:id/message
router.post.postMessage = function*() {
  // 消息内容
  const content = this.request.body.content
  // 当前主持人数据实例
  const host = Host.wrap(this.req.currentUser)
  // 当前赛事
  const duel = yield Duel.fetch(this.params.id)
  // 消息中所附带的比分信息
  const scores = this.request.body.scores

  // 更新当前赛事比分
  yield duel.updateScores(scores)

  // 创建消息对象
  const message = new Message(duel, content, scores, host)
  yield new Promise(resolve => message.once('ready', resolve))

  this.body = {
    message: message.plain()
  }
}
```

5.5　直播网络

对于一个具有数据时效性的实时应用来说，一个优良的网络组织方式可以大大减少服务端的负载压力。关于直播，首先要了解在 Web 领域中实现实时数据传输的方式有轮询通信和双工通信两种。其中轮询通信是指，由于前端开发领域可用的基础技术限制太大，无法实现真正意义上的实时数据传输而采取的一种简化的实现类实时通信的方式。而双工通信指的是，客户端和服务端之间可以保持一个开启的、双向通信的数据连接，最为典型的例子便是 TCP/IP 协议。在前端开发领域中，双工通信的典型的是 WebSocket 协议，可以实现客户端（浏览器）和服务端之间的常开连接。

因为 Duel Living 只是一个实验性项目，我们并不需要向下兼容较为老旧的浏览器版本，只需要使用 WebSocket 来实现客户端和服务端之间的实时双工通信即可。

5.5.1 网络架构

虽说有了可以实现实时数据流的技术，但是从网络架构角度看，许多客户端与服务端之间的通信依然有多种不同的方法，而且这些不同架构之间若能合理利用，可以使整个软件架构发挥到最大的功用。

5.5.1.1 集中架构

如图 5.4 所示，集中架构是 Web 服务端开发中最为常见也最为简单的架构方式，即所有的客户端请求全部由同一个服务端程序进行处理。在直播网络中则体现为所有的客户端与服务端都建立 WebSocket 连接，即当主持人通过直播端发布一条消息时，服务端程序会将这条消息发布到每一个客户端中。

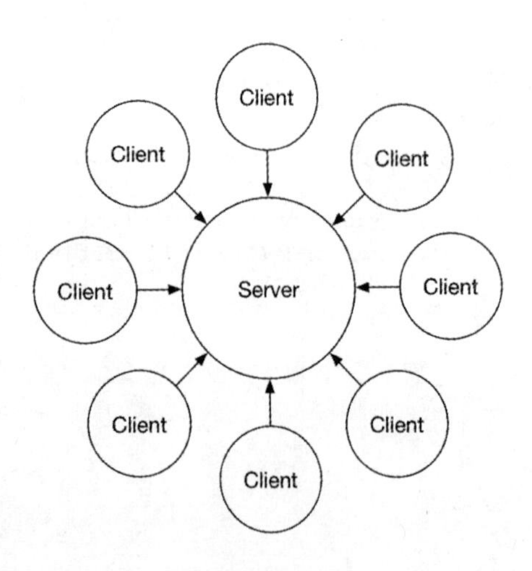

图 5.4　集中架构

虽然这种架构方式实现起来是最为简单最为方便的，但是当这个网络中的客户端数量逐渐增加时，这个服务端程序便会出现过载甚至崩溃的情况，这显然是不适合大型直播网络的。因此，其他架构方式慢慢地演化出来，以缓解服务端压力。

5.5.1.2 分布式架构

分布式架构示意图如图 5.5 所示。当单一服务端已经无法承受过量的客户端连接时，最为简单直接的解决方法便是增加计算能力，也就是增加服务器的数量。增加服务器数量的方法一般有以下两种：

1. 分析流量得知，某一时段中某地的连接请求数量出现了一个高峰值，那么就可以在距此地最近的一个数据中心中增加服务器。

2. 在某一时段中，产品的的连接请求数量出现高峰，但请求来源并没有出现明显的集中现象，那么就需要在各个地方都增加服务器。

一般情况下，在各个地区的服务器间需要有一个中心服务器作为数据的写入口，即直播数据的源头。主持人通过直播端将消息发到中心服务器中，中心服务器再将数据分发到各个从服务器中，由从服务器继续分发到各个客户端。

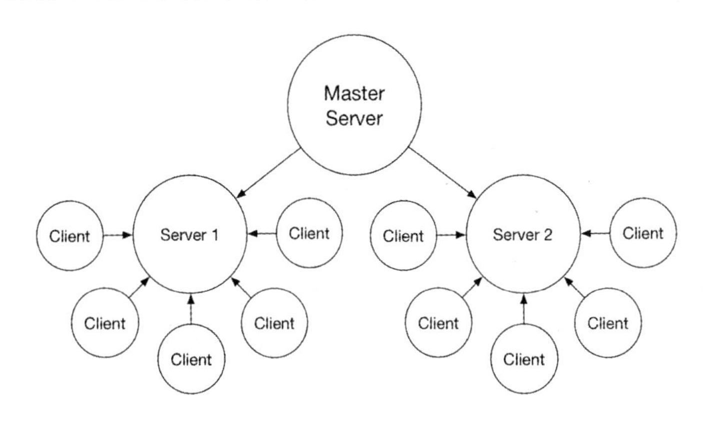

图 5.5 分布式架构

5.5.1.3 P2P 网络

虽然通过增加计算能力可以快速增加负载客户端的连接能力，但这不是一个长远之计。当采用增加计算能力的方式已经无法解决由于客户端数量增加给服务端带来的问题时，就需要使用其他的架构方式或者通信方式来进行优化。

在直播领域中，除了使用客户端直接与服务端进行通信以外，还可以让客户端与客户端直接进行通信，俗称 P2P（Peer to Peer）通信方式，如图 5.6 所示。在前端开发中，WebRTC 是一种可以在浏览器之间实现点对点通信的技术，其主要用途是在浏览器之间实现视频或语音通话，也可以在客户端之间实现结构化数据通信。

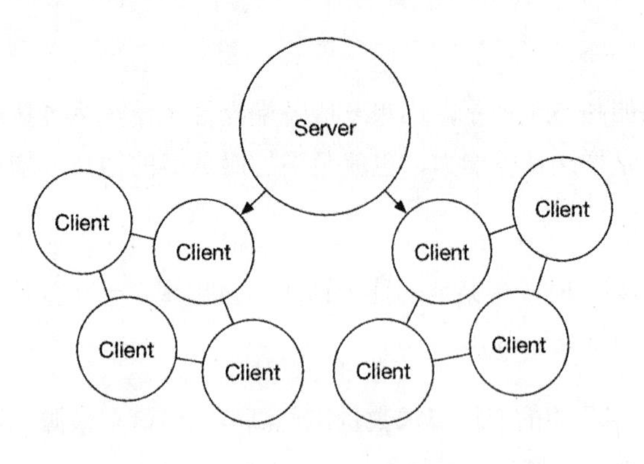

图 5.6　P2P 通信

这种网络架构方式的资源利用率是最大的，将原本由服务端单独承受的负载压力分到每一个客户端上，这样便可以在有限的硬件条件下，尽可能地提升整体直播网络的负载性能。Duel Living 也将会采用这种形式来实现它的直播网络构建。

5.5.2　技术实现

首先，Duel Living 只是一个实验性项目，并不需要做太多关于浏览器兼容性的测试工作，所以在技术选型上我们可以稍微大胆一些，比如在服务端与根客户端之间的通信上可以直接使用原生的 WebSocket 协议，而不需要使用其他的降级兼容，或者在客户端之间的 P2P 通信上可以使用 WebRTC。为了技术实现的方便，我们将会使用一个 WebRTC 的封装库 PeerJS[2]。

首先在服务端程序的开发环境中安装这两个通信方式的服务端依赖库。

```
$ npm install ws peer node-fetch --save
```

ws 用于创建一个 WebSocket 服务器，这个服务器用于服务端程序与根客户端直接进行通信。`peer` 是 PeerJS 的服务端类库，虽然是用于实现 P2P 通信的服务端程序，但实际上客户端之间的通信并不经过这个服务端程序，它只是起到了协调客户端之间 P2P 通信的作用。

要想建立一个优良的直播网络架构，只使用 P2P 通信技术是远远不够的，还需要将这几种架构方式进行融合以达到最大功用。当服务端计算能力仍有盈余时，应该让新进入直播网络的客户端直接与服务端进行通信，以保证消息传输的速度，只有当服务端计算能力超过了某一个设定值时，才开始在客户端之间建立 P2P 通信，如图 5.7 所示。具体步骤描述如下：

[2]http://peerjs.com/

1. 设定一个数量上限 n，当新的客户端请求进入直播网络时，应该先检查当前服务端上直接连接的客户端数量，如果还没有超过上限 n，则让新的客户端直接与服务端进行通信，并且让这个客户端建立 PeerJS 程序，准备加入 P2P 直播网络。

2. 服务端上的 PeerJS 程序在接收到每一个客户端加入的消息后，利用 IP 地址对应地理地址的 API，根据客户端的 IP 地址所对应的地理位置信息将所有客户端进行分类。一般情况下地区分类会分为三个级别：国家、省份、城市。比如，[中国, 北京, 北京] 和 [中国，广东，广州]。

3. 当与服务端相连接的客户端数量达到了所设定的容量上限时，便开始建立 P2P 通信网络。首先根据新加入的客户端 IP 来解析出新客户端在地理上的大致位置，并从城市分级开始逐渐向国家分级搜索是否有距离较近的客户端，如果有则与之建立通信连接。

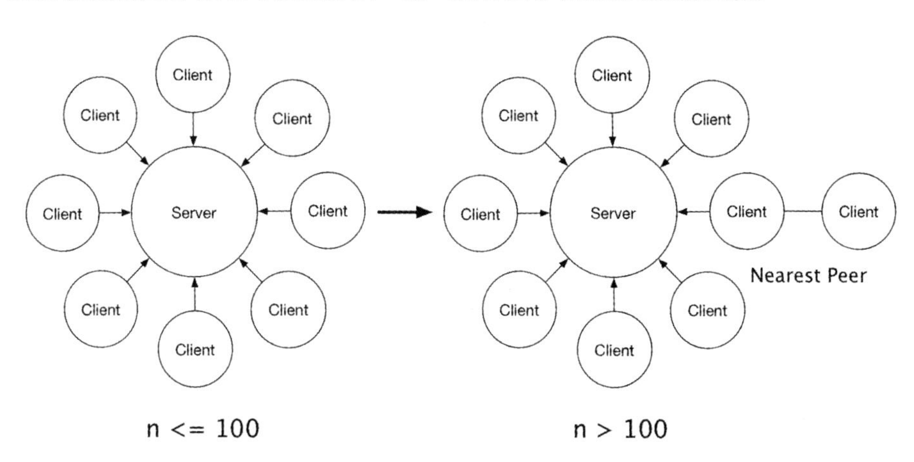

图 5.7　网络建立过程

5.5.3 WebSocket 服务端

WebSocket 服务端用于在直播的第一个阶段中让规定数量的客户端与服务端直接进行通信。事实上 WebSocket 协议的实现原理并不简单，好在社区中早已有完成了功能实现并封装好可以直接使用的第三方模块。

引入 `ws` 模块中的 `Server` 类，我们使用 ES2015 标准中的别名引入方法，将其别名设置为 `WebSocketServer`，避免在阅读代码的时候产生混淆。

```
import { Server as WebSocketServer } from 'ws'
```

5.5.3.1 建立 WebSocket 服务端实例

WebSocket 的基本原理是：将原本的 HTTP 请求连接经过升级请求、握手机制后，提取其中的 TCP 连接并包装成 WebSocket 连接，以实现双工通信。其中的升级请求是一个 HTTP 请求，所以 WebSocket 服务端依然需要保留一个 HTTP 服务端实例以接收这个升级请求。ws 这个模块所提供的 HTTP 服务端程序有两种，一种是由 ws 模块自行建立的 HTTP 服务端实例以接收请求，另外一种是传入已有的 HTTP 服务端实例并使用这个实例来接收连接升级请求。

根据 LeanCloud 官方文档的说明，每一个 LeanCloud 云引擎程序只能够监听一个对外开放的网络端口，而每一个网络端口只能由一个程序进行监听。因此，由 ws 模块自行建立 HTTP 服务端实例显然并不现实。在前面的入口程序中我们已经建立了一个 HTTP 服务端实例，那么就可以直接使用这个服务端实例来接收连接升级请求了。让 WebSocket 服务端实例监听发送至 /direct 这个路径的 HTTP 连接升级请求，以表示客户端与服务端之间进行了直接通信。

```
export function WSServer(server) => {
  const wss = new WebSocketServer({
    server,         // server: server
    path: '/direct'
  })

  return wss
}
```

当有新的客户端与这个 WebSocket 服务端实例建立连接后，便会触发 connection 事件，并传入该连接的实例对象，而对连接的管理我们可以自行实现。因为 WebSocket 连接自身并没有连接标示符，所以需要借助 PeerJS 中连接的标示符来作为 WebSocket 连接的标示符。

```
function connection(socket) {
  socket.on('message', handleMessage)
}
```

5.5.3.2 建立 WebSocket 通讯连接

当客户端进入一个直播间后，通过服务端判断可以直接连接 WebSocket 服务端实例，这需要在项目的逻辑层面上进行一次通信“握手”，这一次“握手”主要是为了让客户端在服务端程序中进行登记，以方便在直播网络中对其进行管理。当客户端与服务端之间的 WebSocket 通信连接打开之后，客户端就向服务端发送一条握手消息。

```
// assets/src/router-components/Duel.vue
connectToServer() {
  const socket = new WebSocket(`ws://${location.hostname}${(location.port ? ':' +
location.port : '')}/direct`)
```

```
  socket.onopen = evt => {
    socket.send(JSON.stringify({
      type: 0,
      id: this.peer.id,
      duel: this.$route.params.id
    }))
  }

  // ...
}
```

服务端则需要处理这一握手消息，并对这个客户端进行登记。在这个握手消息中包含了两个信息：客户端标示符（ID）和该客户端需要加入的直播间标示符。服务端需要根据这两个信息来对这个客户端进行分类管理，这里我们就可以用到 ES2015 标准中的新数据结构 Map。

将客户端 ID 作为数据键，然后将连接实例对象作为值保存在一个 Map 中，以便后面使用。另外，虽说有若干个客户端会与服务端进行直接通信，但是这些客户端都有可能处在不同的直播间中，它们所收到的消息推送自然也不一样，根据客户端握手连接中的直播间标示符，我们需要将各个客户端连接进行分类保存，以便在各个直播间进行消息广播时不会出现混乱。

```
const sockets = new Map()
const duels = new Map()

function handleMessage(msg) {
  const data = JSON.parse(msg)

  // 非法消息
  if (!data.type) return new Error('Illage message')

  switch (data.type) {
    // Hand shaking
    case 0:
      // 存储通讯连接
      sockets.set(data.id, socket)

      // 初始化直播间，使用 Set 存储客户端标示符
      if (!duels.has(data.duel))
        duels.set(data.duel, new Set())

      duels.get(data.duel).add(data.id)
      break
  }
}
```

前面提到服务端的负载能力是有限的，所以需要设置一个容量上限，当服务端的连接数达到这个上限时则开始进行 P2P 通信。

```
// 假设容量上限为 100
const maxNodePeerNum = 100

function connectionsCount() {
  return sockets.size
}

function isAvailable() {
  return connectionsCount() < maxNodePeerNum
}

function setMaxNodePeerNum(n) {
  maxNodePeerNum = n
}
```

5.5.3.3 广播消息

将客户端连接通过 ID 和直播间 ID 进行分类保存后，需要进行消息广播时，便将它们取出即可。

```
function boardcast(data, duelId) {
  if (!duels.has(duelId)) return

  const socketsIds = duels.get(duelId)

  for (const id of socketsIds) {
    const socket = sockets.get(id)
    socket.send(data)
  }
}
```

最后将所有的方法放进 WebSocket 服务端实例即可，这里可以用到 LoDash 工具库中的 merge 方法。

```
import { merge } from 'lodash'

export const proto = {
  connectionsCount,
  isAvailable,
  boardcast
}

export function WSServer(server) => {
  const wss = new WebSocketServer({
    server,        // server: server
    path: '/direct'
  })
```

```
  wss.on('connection', connection)
  merge(wss, proto)

  return wss
}
```

有了通过 WebSocket 通信向直播网络发布消息的能力后，我们便可以将直播系统和数据层进行对接了。前面在 Message 数据层中定义了一个用于消费新消息数据的接口，这个接口以回调函数的形式来进行调用，而这个正好可以在回调函数中调用直播系统的广播 API 来进行消息广播。

```
import Message from '../models/Message'

// ...

Message.onNewMessage(message => {
  websocketServer.boardcast(JSON.stringify({
    type: 1,
    message: message
  }), message.duel.id)
})
```

5.5.4 P2P 协调服务端

在 WebSocket 服务端容量达到上限后，便需要在客户端之间建立 P2P 通信连接。虽说这是一个服务端程序，但其实只起到了一个协调作用，并不能从中获得客户端之间传输的数据。

引入模块接口跟 WebSocket 服务端实例的创建方法类似，可以将一个已有的 HTTP 服务端实例传入，让其接收来自客户端的请求。

```
import { ExpressPeerServer } from 'peer'

export function PeerServer(server) {
  const peerServer = ExpressPeerServer(server, {
    debug: false
  })

  return peerServer
}
```

5.5.4.1 建立 P2P 协调连接

PeerJS 服务端实例的使用方法与 WebSocket 相类似，当一个新的客户端通过 PeerJS SDK 加入到 Duel Living 的直播网络中时，PeerJS 服务端实例便会触发 connection 事件，并传入该客户端的标示符。

```
const connectingIds = new Set()

function connection(id) {
  connectingIds.add(id)
}

function disconnect(id) {
  connectingIds.delete(id)
}

export function PeerServer(server) {
  const peerServer = ExpressPeerServer(server, {
    debug: false
  })

  peerServer
    .on('connection', id => peerServer.connection(id))
    .on('disconnect', id => peerServer.disconnect(id))

  return merge(peerServer, proto)
}

export const proto = {
  connection,
  disconnect
}
```

5.5.4.2　存储客户端地理信息

我们可以通过获取客户端连接中带有的附带信息得知该客户端所加入的直播间和 IP，然后便可以通过分析 IP 地理信息对其进行地区分类了。IP 地址可以通过 IP 库检索获得，其中每一个 IP 地址（公网 IPv4 地址）都携带三个基本地理信息：国家、省份、城市。那么就可以以这三个信息作为三个分级，为了避免出现地名重复的现象，这三个分级会以下面的形式表示。

- {直播间}:{国家}
- {直播间}:{国家}:{省份}
- {直播间}:{国家}:{省份}:{城市}

将这三个分级作为 Map 的数据键，它们所对应的数据值是一个 Set 对象，其中则包含了符合这一分类的客户端 ID。当需要根据地区信息来获取一个相近的客户端用于建立 P2P 通信连接时，便可以使用这三个分级来一一匹配。

```
import fetch from 'node-fetch'

const regionMaps = new Map()
const ids = new Map()

function connection(id) {
  connectingIds.add(id)

  const ip = this.fetchIP(id)
  const duelId = this.fetchDuelID(id)

  ids.set(id, {
    ip: ip,
    token: duelId
  })

  parseIP(ip)
    .then(region => {
      const keys = {
        level1: `${duelId}:${region.country}`,
        level2: `${duelId}:${region.country}:${region.province}`,
        level3: `${duelId}:${region.country}:${region.province}:${region.city}`
      }

      if (!regionMaps.has(keys.level1)) regionMaps.set(keys.level1, new Set())
      if (!regionMaps.has(keys.level2)) regionMaps.set(keys.level2, new Set())
      if (!regionMaps.has(keys.level3)) regionMaps.set(keys.level3, new Set())

      regionMaps.get(keys.level1).add(id)
      regionMaps.get(keys.level2).add(id)
      regionMaps.get(keys.level3).add(id)
    })
}

function parseIP(ip) {
  if (ip === '::1') ip = '119.29.29.29'
  return fetch(`http://exmaple.com/parse_ip/{ip}`, {
    headers: {
      'Accept': 'application/json',
      'Content-Type': 'application/json'
    }
  })
    .then(res => res.json())
    .then(info => ({
      country: info.country,
      province: info.region,
      city: info.city
    }))
```

```
}

function fetchIP(id) {
  let ip = '119.29.29.29'
  if (this._clients.peerjs[id]) {
    ip = this._clients.peerjs[id].ip
  } else if (ids.has(id)) {
    ip = ids.get(id).ip
  } else {
  }
  return ip
}
```

5.5.4.3　匹配最相近的客户端

当服务端的 WebSocket 连接数达到了容量上限后，新加入直播网络的客户端便需要通过与其他客户端建立 P2P 通信网络来获取到直播间中的消息数据。而为了达到数据传输性能最好的目的，一般情况下 P2P 网络都会采取就近原则，即优先连接与当前客户端相近的其他客户端。而前面我们已经存储了每一个客户端的地理信息，那么就可以通过保存好的信息为新加入的客户端分配最近的其他客户端了。

```
function fetchNearestId(id, duelId) {
  const ip = this.fetchIP(id)

  return new Promise((resolve, reject) => {
    parseIP(ip)
      .then(region => {
        const keys = {
          level1: `${duelId}:${region.country}`,
          level2: `${duelId}:${region.country}:${region.province}`,
          level3: `${duelId}:${region.country}:${region.province}:${region.city}`
        }

        if (regionMaps.has(keys.level3)) return
resolve(randomElement(regionMaps.get(keys.level3)))
        if (regionMaps.has(keys.level2)) return
resolve(randomElement(regionMaps.get(keys.level2)))
        if (regionMaps.has(keys.level1)) return
resolve(randomElement(regionMaps.get(keys.level1)))
      })
      .catch(reject)
  })
}
```

完成了 WebSocket 服务端实例和 P2P 协调服务端实例后，就可以在 Duel Living 的入口程序中将它们都暴露到程序接口中了，而在某些路由响应器中也会需要用到它们的方法。

```
// src/app.js
import connect from 'koa-connect'
import { PeerServer } from './libs/peer'
import { WSServer as WebSocketServer } from './libs/ws'

const wss = WebSocketServer(server)
const peerServer = PeerServer(server)

// 将 P2P 协调服务器绑定到 /peer 路径上
app.use(mount('/peer', connect(peerServer)))


// src/controllers/duels.js
router.get.fetchDuel = function*() {
  const duel = yield Duel.fetch(this.params.id)
  const messages = yield Message.fetchMessagesByDuel(duel, 20)

  this.body = {
    duel: duel.plain(),
    messages: messages.map(message => message.plain()),
    // 是否直接与服务端 WebSocket 服务进行连接
    directly: websocketServer.isAvailable()
  }
}
```

5.6 直播间客户端

虽说服务端程序已经为整个项目建立了一个直播网络，但是因为 Duel Living 的直播网络架构中需要使用 P2P 的通信方式，所以在客户端中的逻辑也是直播网络中的重要一环。

5.6.1 准备工作

用户点击赛事列表中的某一个赛事后，便会进入该赛事的直播间页面。每一个直播间页面对应一场赛事，每一场赛事的数据中都有它的唯一 ID。根据前面对 Duel Living 直播网络的架构设计，我们可以先设计出建立直播间客户端的大体方案。

1．获取赛事 ID，并根据这个 ID 获取该赛事的基本数据信息（参赛方、比分情况、最新的 20 条消息等）以及当前服务端 WebSocket 连接的饱和程度。

2．建立 PeerJS 客户端实例，随机生成一个字符串作为其标示符 ID。PeerJS 完成了客户端建立后，再根据上一步中所返回的 WebSocket 服务端饱和程度来判断客户端是否可以与服务端直接建立 WebSocket 连接。

3．如果客户端与服务端建立了 WebSocket 通信连接，就向服务端发送一个握手消息，并在服务端登记当前客户端。

4．如果 WebSocket 服务端已经达到饱和状态，即连接数达到了容量上限，就向服务端请求一个距离当前客户端的地理位置较近的、在相同直播间中的客户端 ID，并与这个客户端建立 P2P 通信连接。

5．当客户端与其他客户端建立 P2P 通信连接后，便将它们之间的连接对象都保存起来，以便进行直播传输。

5.6.2 建立直播通信

首先页面程序通过路由组件获取到 URL 中的直播间 ID，也就是赛事 ID，然后通过这个 ID 来获取该赛事的基本数据信息。前面我们已经将获取赛事新的 API 绑定在`/api/duel/:id`这个路径上了，所以直接使用 Fetch API 来进行 Ajax 请求并获取 JSON 数据即可。

这个 API 使用赛事的 ID 获取赛事信息，其返回数据包括：该赛事的基本信息、该赛事最新的 20 条消息数据、当前 WebSocket 服务端的饱和状态（`directly`）。我们可以根据这个返回值来判断客户端是否需要直接与服务端建立 WebSocket 通信连接。

```
ready() {
  const duelId = this.$route.params.id

  fetch(`/api/duel/${duelId}`)
    .then(res => res.json())
    .then(data => {
      this.duel = data.duel
      this.messages = this.messages.concat(data.messages)

      for (const message of data.messages) {
        this.messagesIds.add(message.id)
      }

      this.setupPeer()

      if (data.directly) {
        this.connectToServer()
      } else {
        this.connectToPeer()
      }
    })
}
```

5.6.2.1　建立 PeerJS 客户端实例

在建立与 WebSocket 服务端的通信连接或是与其他客户端的 P2P 连接之前，需要先建立起一个用于 P2P 通信的 PeerJS 客户端实例。当客户端与其他客户端建立 P2P 通信连接后，便将它们之间的连接对象都保存起来，以便进行直播传输。

```
data() {
  return {
    // 用于存储与客户端相连接的其他客户端连接
    peerConns: new Set()
  }
},

methods: {
  setupPeer() {
    // 随机生成客户端 ID
    const id = Math.random().toString(32).substr(2)

    this.peer = new Peer(id, {
      path: `/peer`,
      host: location.hostname,
      port: parseInt(location.port || '80'),
      // 当前直播间 ID
      token: this.$route.params.id
    })
    this.peer.id = id

    this.peer.on('connection', conn => {
      this.peerConns.add(conn)
      conn.on('data', data => this.handleMessage(JSON.parse(data)))
      conn.on('close', () => this.peerConns.delete(conn))
    })
  }
}
```

5.6.2.2　建立 WebSocket 通信连接

如果从服务端返回的数据表明当前 WebSocket 服务端未达到饱和状态，那么就可以让当前客户端与服务端建立 WebSocket 通信连接了。WebSocket 通信不需要使用任何第三方类库，只需要在支持 WebSocket 的浏览器中使用浏览器所提供的 API 将指定的 WebSocket 服务端实例绑定在 HTTP 服务端实例的`/direct`路径下即可。

```
connectToServer() {
  const wsURL = `ws://${location.hostname}${(location.port ? ':' + location.port : '')}/direct`
  const socket = new WebSocket(wsURL)
```

```
}
```

建立了 WebSocket 连接实例后，API 会自动完成与 WebSocket 服务端程序的“握手”，然后以事件的方式通知逻辑程序该链接是否与服务端成功建立通信并从服务端获得新的消息推送。当客户端与 WebSocket 服务端完成连接建立后，就需要主动向服务端发送一条“握手”消息，以在服务端上对当前客户端进行登记。虽然 WebSocket 协议中的通信内容为文本格式，但我们依然可以通过一些序列化工具，将原本非字符串格式的数据序列变成字符串数据并通过 WebSocket 连接进行传输，这里我们可以使用 JSON 作为序列化工具。

```
socket.onopen = evt => {
  socket.send(JSON.stringify({
    type: 0,
    id: this.peer.id,
    duel: this.$route.params.id
  }))
}

socket.onmessage = evt => {
  this.handleMessage(JSON.parse(evt.data))
}
```

当 WebSocket 客户端从服务端获得消息后，便可以对其中的消息进行处理了。因为在客户端中，无论是客户端与服务端之间的 WebSocket 通信还是客户端与客户端之间的 P2P 通信，都使用同一种通信协议。其中消息需要通过 JSON 来进行序列化和反序列化处理，所代表的数据内容中包含一个 `type` 属性，这个属性代表该消息的类型。`type` 为 0 表示握手通信；`type` 为 1 表示消息通信。

其中 `type` 为 0 的情况只出现在从客户端向服务端发送消息的时候，所以在客户端的消息响应器中并不需要对这种情况进行处理。

```
handleMessage(data) {
  switch (data.type) {
    // Message
    case 1:
      if (this.messagesIds.has(data.message.id)) return

      this.messagesIds.add(data.message.id)
      this.messages.unshift(data.message)
      this.duel.scores = data.message.scores

      for (const conn of this.peerConns) {
        conn.send(JSON.stringify(data))
      }
```

```
      break
  }
}
```

5.6.2.3　建立 P2P 通信连接

当 WebSocket 服务端连接数达到容量上限时，客户端便需要与其他客户端建立 P2P 通信连接。服务端会根据客户端所对应 IP 地址的地理位置信息，为当前客户端匹配一个在地理位置上相近的其他客户端。

通过请求/api/duel/:duel_id/nearest?id=<peer_id>来取得当前直播间中最相近的其他客户端 ID。

```
connectToPeer() {
  fetch(`/api/duel/${this.$route.params.id}/nearest?id=${this.peer.id}`)
    .then(res => res.json())
    .then(data => {
      const conn = this.peer.connect(data.id)
      conn.on('data', data => this.handleMessage(JSON.parse(data)))
      this.peerConns.add(conn)
    })
}
```

完成了 P2P 通信连接的建立后，该通信连接接收到消息数据的处理方式与 WebSocket 获得数据后的处理方式相同。

5.6.3　处理消息

当客户端通过 WebSocket 通信连接或 P2P 通信连接从服务端及其他客户端处接收到消息推送后，便需要将它们存放到本地的数据层上，并将它们通过 P2P 通信连接推送给其他与之相连接的客户端，使得该消息能够在直播网络中不断被传播，直到所有在线的客户端都接收到为止。

为了让消息在直播网络中传播时不会出现死循环导致浪费网络资源，我们可以在消息确切地传输到直播网络中的每一个客户端后令其终止，具体的做法如下。

当一个客户端通过 WebSocket 或者是 P2P 通信渠道接收到直播消息后，首先需要判断该客户端的数据层中是否已经保存有该消息对象，如果没有，则将其加入数据层中，并将该消息传递到每一个与之相连接的客户端；如果有，则终止对该消息的处理。图 5.8 为消息传播的所有路径示意图。

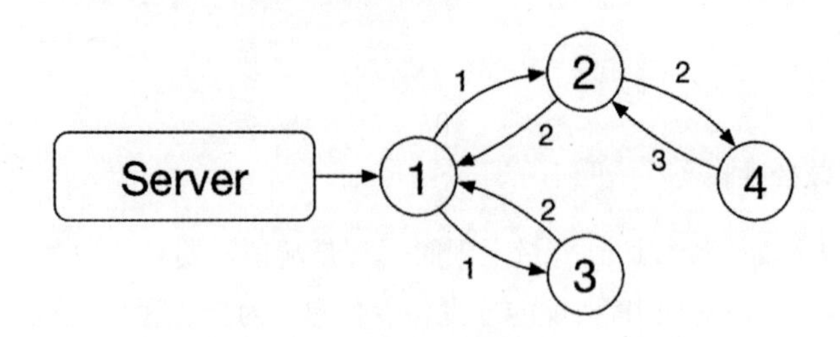

图 5.8 消息传播路径

因为 ES2015 中的新数据类型 Set 是一种具有元素不重复性的无序集类型，因此使用它来存储消息标示符以实现快速判断当前数据层中是否已经包含某消息是最合适不过的。

```
handleMessage(data) {
  switch (data.type) {
    // Message
    case 1:
      // 若消息数据已经存在，则不做任何处理
      if (this.messagesIds.has(data.message.id)) return

      // 将消息数据加入到数据层中，以展示到直播间界面中
      this.messagesIds.add(data.message.id)
      this.messages.unshift(data.message)
      // 更新赛事比分
      this.duel.scores = data.message.scores

      // 向每一个相连的客户端推送消息
      for (const conn of this.peerConns) {
        conn.send(JSON.stringify(data))
      }

      break
  }
}
```

因为 Duel Living 的前端部分架构方法与上一章中的 Filmy 大致相同，所以出于篇幅考虑，这里不再重复讲解 Duel Living 前端部分的开发。Duel Living 所有的代码都可以在 GitHub 项目页面[3]中进行浏览和下载。

[3]https://github.com/iwillwen/duel-living

5.7 部署应用

当 Duel Living 的代码大致完成后，我们便可以将整个项目代码运行一遍并部署到生产环节中了。为了保证采用 ES2015 标准编写的代码能够正常使用，Duel Living 的代码在运行前还需要进行一些编译。

5.7.1 编译代码

编译的代码对象分为两个部分：前端部分和后端部分。Node.js 环境的兼容性远比浏览器环境可控，而且对 ES2015 标准的兼容性也是非常好的。另外前端代码需要使用 webpack 进行代码打包和压缩，而 Node.js 部分的代码则不需要这个过程。

要想对使用 ES2015 标准编写的代码进行编译，我们需要使用 Babel 工具，而目前（本书写作时）Node.js 最新的长期稳定支持版本为 v4.4.7，经过测试，尚未得到支持的 ES2015 标准中原生模块化机制、新的函数参数语法、表达式解构这三个新特性的 Babel 插件，因此需要安装这三个特性对应 Babel 插件才能进行代码编译。

```
$ npm install \
  babel-plugin-transform-es2015-modules-commonjs \
  babel-plugin-transform-es2015-parameters \
  babel-plugin-transform-es2015-destructuring --save-dev
```

因为服务端代码保存在 src/目录下，而利用 Babel 编译后的代码需要保存在 dist/目录下，所以对应的编译命令如下。

```
babel    --plugins    transform-es2015-modules-commonjs,transform-es2015-parameters,
transform-es2015-destructuring -d dist/ src/
```

前端代码部分与上一章中的 Filmy 相同，需要首先编写一个 webpack 配置文件，这个文件可以通过修改 Filmy 的 webpack 配置文件所得。其中规定的入口文件有 `main` 和 `admin` 两个，分别对应 Duel Living 中用户使用的客户端和主持人使用的直播端。

```
// webpack.config.js
module.exports = {
  entry: {
    main: './assets/src/entries/main.js',
    admin: './assets/src/entries/admin.js'
  },
  output: {
    path: __dirname + '/assets/build/',
    filename: '[name].js'
```

```
  },
  // ...
}
```

使用 webpack 作为前端代码编译及打包工具的话，需要执行的命令行则更为简单。

```
$ webpack --config webpack.config.js -p
```

可以将这两个部分的编译命令放在一个 Shell 文件中，通过一条命令完成所有编译工作。

```
# build.sh
./node_modules/.bin/babel --plugins transform-es2015-modules-commonjs,
transform-es2015-parameters,transform-es2015-destructuring -d dist/ src/
./node_modules/.bin/webpack --config webpack.config.js -p
```

这里在两个命令行工具前都加上了`./node_modules/.bin`，因为这代表了使用当前项目目录中所安装的 babel 和 webpack，如果不添加则代表需要使用被安装在全局的命令行工具，但是不能排除某些开发环境中并没有将这两个工具安装在全局环境中的情况。所以在 Duel Living 的项目配置文件中将 babel-cli 和 webpack 都作为`devDependencies`（开发环境依赖），在开发者需要进行二次开发时，会被安装到本地环境中。

在 Duel Living 的项目配置文件`package.json`中，我们将这个用于编译代码的 Shell 文件加入到项目脚本命令中，以便开发使用。其中`chmod 777`命令是为了能让`build.sh`命令能够被直接执行，当然.sh 文件需要在 Unix/Linux 系统下才能够使用，如果你正在使用 Windows 操作系统，需要将`.sh`后缀名改为`.bat`才能使用，`package.json`中的`chmod`命令也需要删去。

```
{
  // ...
  "scripts": {
    "start": "node dist/app.js",
    "build": "chmod 755 build.sh && ./build.sh"
  }
  // ...
}
```

这样就可以使用`npm`命令来进行统一的代码编译了，编译好以后的代码会保存在 dist/路径下，所以`start`这个脚本命令则是对应的运行`dist/app.js`这个编译后的程序入口文件。

```
$ npm run-script build
```

5.7.2 运行程序

在运行程序之前还需要先确保本地环境中已经正确地安装好了 Node.js 运行环境，Duel

Living 要求 Node.js 的版本至少是 v4.4.0 及以上。安装 Node.js 的方法及过程这里不做详细说明，大家可以在 Node.js 的官方网站中找到详细的过程。

我们在 `package.json` 中已经指定了 `start` 这个脚本命令为启动程序的入口，那么就可以直接使用这个脚本命令来启动程序了。

```
$ npm run-script start
```

但是这样还会出现一个问题，Duel Living 最终需要运行在 LeanCloud 的云引擎平台上，如果直接运行 Node.js 程序的话并不会带有 LeanCloud 云引擎上所提供的一些环境配置（如环境变量等），那么就需要利用 LeanCloud 官方所提供的本地命令行工具来为 Duel Living 的 Node.js 提供云引擎运行环境。

首先安装 LeanCloud 的本地命令行工具，详细用法请参见 LeanCloud 的官方文档[4]。若在 Linux/Mac 上将 Node.js 安装到了整个系统，请在命令前添加 `sudo`；若在 Windows 上选择了"为所有用户安装 Node.js"，请以管理员权限打开一个命令行窗口再安装。

```
$ npm install -g leancloud-cli
```

使用这个命令行工具来启动 Duel Living 程序，可以为程序提供真实的云引擎运行环境。

```
$ lean up
```

5.7.3　发布部署

如果是自行搭建 Node.js 环境，则将最终需要发布的工具部署到生产环境中的方法非常多，如使用版本管理工具（Git、SVN 等）、Docker、(S)FTP 等。但若使用 LeanCloud 云引擎作为 Node.js 生产环境，则要将程序进行发布部署的方法就变得非常单一。确保程序使用 `lean up` 命令可以正常运行后，执行下面这条命令便可以轻松将程序部署到生产环境上。

```
$ lean deploy
```

部署过程中可以看到云端云引擎对该项目程序的部署过程，当这个过程结束后程序就已经完成了部署。而开发者并不需要清楚如何完成计算能力调度等问题，因为 LeanCloud 的云引擎提供自动调度的功能。

---

[4]LeanCloud 云引擎命令行工具使用详解 https://leancloud.cn/docs/leanengine_cli.html

5.8 小结

Node.js 是现代 JavaScript 应用开发中一个非常重要的“舞台”，可以毫不夸张地说，如果没有 Node.js 的出现，JavaScript 乃至 ECMAScript 的发展进程可能会延缓数年。我们选择了目前非常流行的直播领域作为该章节的 DEMO 主题，也是为了说明在 ES2015 标准的推动下，JavaScript 的新语言特性已经使这门语言渐渐向更深层、对开发体验或实际性能要求更高的领域迈进。JavaScript 以及 ECMAScript 已经从之前被人“唾弃”的“玩具语言”这一形象中脱离出来，成为了非常多技术人员在进行技术选型时首选的开发语言之一。

经过了 ES2015 标准的详细情况、ES2015 标准在前端开发中的应用、利用 ES2015 标准的新特性来进行 Node.js 应用开发这三个方面的学习，本书也已经进入了尾声。下一章中，我们将一同来看看，在 ES2015 之后最新发布的 ES2016 标准中，又有哪些新特性可供使用。

第 6 章

ES2016 标准

ES2016 标准是 ECMA 委员会在 2016 年发布的继 ES2015 标准后的又一个新的 ECMAScript 语言标准。但是与 ES2015 标准不一样的是，ES2016 标准并没有非常多的特性更新，只是包含了两个新的语言特性而已。

6.1 Array.prototype.includes

ES2015 标准为开发者提供了新的数据结构 Set，其中这个数据结构提供了 `has(value)` 这个方法以供程序检查某一个 Set 对象中是否包含有某一个元素。而在生产环境中，由于历史遗留和版本碎片等，很多程序都必须要使用 Array 类型来进行数据存储或传递。那么对于 Array 数据类型来说，要判断某一个元素是否包含在其中，一般就会用下面这样的代码来进行检测。

```
// Syntax: Array.includes(<value>)

const array = [ 1, 2, 3, 4, 5 ]
const el = 3

if (array.indexOf(el) >= 0) {
  console.log('Included')
} else {
  console.log('Not included')
}
```

Array 数据类型提供了一个 `indexOf()` 方法，这个方法的功能是搜索数组中某一个元素所在的位置，如果该元素存在则返回相应位置，如果该元素不存在则返回 `-1`，所以可以通过检查返回值是否大于等于 0 来知道该元素是否存在。

ES2016 中则提供了更为直接的方法，具体操作与 Set 数据类型的 `has()` 方法相似。

```
const array = [ 1, 2, 3, 4, 5 ]
const el = 3

console.log(`Included: ${array.includes(el)}`)
//=> Included: true
```

6.2 幂运算符

幂运算在数学运算中有着非常重要的作用，在 ES2016 标准前，ECMAScript 语言标准中只具有以下几种运算符：

- + —— 加法运算符
- - —— 减法运算符、负运算符
- * —— 乘法运算符
- / —— 除法运算符
- % —— 求余运算符

这其中并没有进行幂运算的运算符，幂运算需要使用 `Math.pow()`这个对象方法来实现。

```
const a = 3
const b = 2

Math.pow(a, b) //=> 9
```

ES2016 标准为幂运算提供了直接的运算符以方便使用，在易于使用的同时也提高了这一部分代码的可读性。但是与其他编程语言不同的是，ES2016 标准中的幂运算符采用的是 `**` 而不是 `^`。

```
// Syntax: var1 ** var2

const a = 3
const b = 2

a ** b //=> 9 = 3 * 3
b ** a //=> 8 = 2 * 2 * 2
```

需要注意的是，幂运算符是一个二元运算符，且具有先后顺序。按照幂运算的数学定义，运算中有两个参数，分别为底数和指数，幂运算的性质便是“指数个底数相乘”。幂运算符 `**` 前面的值为底数，后面的值为指数。

6.3 小结

正如你所见，ES2016 标准中所更新的内容并不是很多，而且也十分简单易懂。所以，在此不对其进行详细介绍和实例展示了。让我们继续向未来更新、更好的 ECMAScript 标准看去，在下一章中一起来看看未来的 ECMAScript 标准中将会出现哪些更实用的新特性。

第 7 章 展望更远的未来

本书前三章为大家介绍了 ES2015 标准中各种强大的特性，以及这些特性的详细用法和需要小心注意的地方；第 4 章和第 5 章分别用前端开发和后端开发两个项目展示了 ES2015 标准在实际开发中的使用情况。

ECMAScript 依然处在飞速发展的阶段，一些非常有趣的新特性也已经处在了实验阶段，如 async/await、更完善的类语法、Decorators（修饰器）、对象字面量解构、函数绑定等等，这些都是非常吸引人并且值得我们期待的特性，这里我们可以做一个简单的介绍。但是因为这些特性仍然处在实验阶段，所以我们所介绍的内容并不等同于它们正式发布时的真正形态。

7.1 async/await

async/await 曾经是 ES2016 标准中最让人期待的特性之一，但是在 ES2016 标准发布后，我们发现 async/await 并没有被列入其中，至今依然处在实验性开发阶段。这个特性可以说是直接影响到了 ES2015 标准中 Generator 生成器这一特性在实际开发中的使用。

在 3.9 节的最后，我们介绍了如何使用 Generator 的特性来让异步代码同步化进而提高代码的可读性和可维护性。而在第 5 章中，我们更是使用了这一特性来编写 Node.js 服务端程序，大大提高了开发体验。这个特性便是源自于早早就被人所关注的 async/await 特性。async/await 特性为 ECMAScript 引入了一种新的函数类型——Async Function，该函数并不像 Generator 中的 Generator Function 一样，而是可以被直接调用并运行的，不需要别的代码进行函数内容的执行。

```
import fs from 'fs'

const readFile = (...args) => {
  return new Promise((resolve, reject) => {
```

```
    fs.readFile(...args, (err, data) => {
      if (err) return reject(err)

      resolve(data)
    })
  })
}

async function() {
  const filename = 'test.txt'

  const fileData = await readFile(filename)

  console.log(fileData) //=> <Buffer ...>
}
```

另外 Async Function 执行后会返回一个 Promise 对象，与 Generator Function 不同的是，Async Function 不会返回每一个 `await` 后面的内容，而是返回该函数利用 `return` 语句所返回的值。

```
async function asyncFn(n) {
  const value = await Promise
    .resolve(n)
    .then(x => x * 2)
    .then(x => x + 5)
    .then(x => x / 2)
  return value
}

asyncFn(3)
  .then(x => console.log(x)) //=> 5.5
```

Async Function 同样支持嵌套调用，实现以后与 3.9 节中所介绍的生成器嵌套具有相同的效果。

```
async function asyncFn1() {
  return await promise1
}

async function asyncFn2() {
  return await promise2
}

async function() {
  await asyncFn1()
  await asyncFn2()
}
```

7.2　Decorators

对于 JavaScript 开发者来说，Decorators 是一种全新的概念，不过它在 Python 语言中早已有各种花式。

Decorator 的定义如下：

1．一个表达式。

2．Decorator 会调用一个对应的函数。

3．调用的函数中可以包含 `target`（装饰的目标对象）、`name`（装饰目标的名称）和 `descriptor`（描述器）三个参数。

4．调用的函数可以返回一个新的描述器以应用到装饰目标对象上。

7.2.1　简单实例

在实现一个类的时候，有的属性并不想被 `for..in` 或 `Object.keys()`等方法检索到，在 ES5 时代，会用到 `Object.defineProperty()`方法来实现。

```
var obj = {
  foo: 1
}

Object.defineProperty(obj, 'bar', {
  enumerable: false,
  value: 2
})

console.log(obj.bar) //=> 2

var keys = []
for (var key in obj)
  keys.push(key)
console.log(keys) //=> [ 'foo' ]

console.log(Object.keys(obj)) //=> [ 'foo' ]
```

使用 Decorator 我们也可以简单地实现上述需求。

```
class Obj {
  constructor() {
```

```
    this.foo = 1
  }

  @nonenumerable
  get bar() { return 2 }
}

function nonenumerable(target, name, descriptor) {
  descriptor.enumerable = false
  return descriptor
}

var obj = new Obj()

console.log(obj.foo) //=> 1
console.log(obj.bar) //=> 2

console.log(Object.keys(obj)) //=> [ 'foo' ]
```

7.2.2 黑科技

正如上面所说，Decorator 在编程中早已不是什么新概念，特别是在 Python 中早已有了各种花样。聪明的工程师们看到这一特性被纳入 ECMAScript 的实验性特性中后，当然不会就此收手，那就让我们看看还能用 Decorator 做些什么神奇的事情。

假如要实现一个类似于 Koa 和 PHP 中的 CI 的框架，且利用 Decorator 特性实现 URL 路由，我们可以这样做。

```
// 框架内部
// 控制器
class Controller {
  // ...
}

const handlers = new WeakMap()
const urls = {}

// 定义控制器
@route('/')
class HelloController extends Controller {
  constructor() {
    super()

    this.msg = 'World'
  }
```

```
  async GET(ctx) {
    ctx.body = `Hello ${this.msg}`
  }
}

// Router Decorator
function route(url) {
  return target => {
    target.url = url
    const urlObject = new String(url)
    urls[url] = urlObject

    handlers.set(urlObject, target)
  }
}

// 路由执行部分
function router(url) {
  if (urls[url]) {
    const handlerClass = handlers.get(urls[url])
    return new handlerClass()
  }
}

const handler = router('/')
if (handler) {
  const context = {}
  handler.GET(context)
  console.log(context.body)
}
```

最重要的是，同一个修饰对象是可以同时使用多个修饰器的，所以说我们还可以用修饰器实现很多很多有意思的功能。

7.3 函数绑定

函数绑定是一种新的函数调用语法，它可以用较为简单的语法来实现。

```
obj::func
// 等效于
func.bind(obj)

obj::func(val)
// 等效于
func.call(obj, val)
```

```
::obj.func(val)
// 等效于
func.call(obj, val)
```

再以一个较为简单的例子来说明这个语法有什么实际用途。在前端开发中，有时候不免需要通过 document.querySelectorAll 这个接口来直接获取页面中的某些元素，因为这个方法所返回的并不是一个真正的数组，所以无法直接使用一些 Array 类型中的使用方法。那么就可以通过函数绑定实现这个需求，且同步并不会降低代码的可读性。

```
const { map, filter } = Array.prototype

const sslUrls = document.querySelectorAll('a')
              ::map(node => node.href)
              ::filter(href => href.substring(0, 5) === 'https')

console.log(sslUrls)
```

7.4　小结

虽然这些特性仍然处在实验阶段，但是通过浏览它们的简介，我们还是不禁对它们真正进入 ECMAScript 标准的那一天感到无比的期待。

相信本书的读者中会有不少人已经接触 JavaScript 这门语言或是 ECMAScript 这门语言标准超过 5 年甚至更长，那么我们再回忆一下在刚刚接触这门语言的时候它所表现出来的模样以及我们学习和使用的感受，对比一下今天我们使用 ES2015 标准后感受，一定会不禁感叹它的发展之快。从前它只是一个运行在浏览器中的、用于辅助开发者让网页更好地提供功能的脚本语言，而如今已经慢慢地向一个完善的、严谨的工程语言进化，这些都仅仅是发生在不到 10 年的时间里，这些改变发生的源动力便是需求多样化的增强和硬件设备的进步。

现在 AR/VR 技术的兴起更是让 Web 开发又有了更多的新鲜血液，我们很难想象 5 年后 ECMAScript 又会有哪些划时代的进步。或许在 ES2020 标准发布的时候，还可以写一本书，再介绍一下那个时候 Web 开发的新鲜事物。

附录 A

其他 ES2015 新特性

实际上，除了本书第 3 章中所介绍的 12 个主要新特性外，ES2015 标准中还有一些对 ES5 标准的补充特性，这些特性主要是为了补充 ES5 标准中某些原生 API 的不足。

这些新特性虽然并不如前面的 12 个主要特性那么引人注目，但是在真正需要使用到这些特性来进行实际开发的时候，便会发现这些特性可以大大地提高开发者的开发效率，优化开发者的开发体验。

String 字符串

String.fromCodePoint()

在 ES2015 标准之前，ECMAScript 的 String 字符串类型有一个 `String.fromCharCode()` 方法，这个方法常用于一些数据的加解密算法中，功能是将一个以整形数字、符合 Unicode 编码规则的值为元素的数组转化为对应字符串。但是这其中只能使用 Unicode 编码进行转换，而 `String.fromCodePoint()` 方法则提升到了码位的级别，支持更多的编码转换。

```
// Syntax: String.fromCodePoint(...<code points>)

String.fromCodePoint(42)        // "*"
String.fromCodePoint(65, 90)     // "AZ"
String.fromCodePoint(0x404)      // "\u0404"
String.fromCodePoint(0x2F804)   // "\uD87E\uDC04"
String.fromCodePoint(194564)     // "\uD87E\uDC04"
String.fromCodePoint(0x1D306, 0x61, 0x1D307) // "\uD834\uDF06a\uD834\uDF07"
```

另外，`String.fromCharCode()` 有对应的配套方法 `String.prototype.charCodeAt()`，同样，`String.fromCodePoint()` 方法也有对应的配套方法 `String.prototype.codePointAt()`。

String.prototype.includes()

以前若需要判断一个字符串中是否包含某一段子字符串，一般会使用正则表达式或者 String.prototype.indexOf()方法来实现。而 ES2015 标准则提供了更为直接的类型方法 includes()。

其中第一个参数是需要进行检查的字符串片段，而第二个参数是可选参数，可以传入一个类型为整型的数字，表达从当前字符串的第一个位置开始进行检查。

```
// Syntax: string.includes(<substring>, [position])

const string = 'foo bar abc'

string.includes('foo')    //=> true
string.includes('bar')    //=> true
string.includes('foobar') //=> false

string.includes('foo', 3) //=> false
```

String.prototype.startsWith()和 String.prototype.endsWith()

与 String.prototype.includes()方法类似，这两个方法用于检查当前字符串是否以某一字符串片段开头或结尾。

```
const string = 'foo bar abc'

// Syntax: string.startsWith(<substring>, [position])
string.startsWith('foo')    //=> true
string.startsWith('bar')    //=> false
string.startsWith('bar', 4) //=> true

// Syntax: string.endsWith(<substring>, [position])
string.endsWith('abc')     //=> true
string.endsWith('bar')     //=> false
string.endsWith('bar', 7)  //=> true
```

String.prototype.repeat()

曾经有一道 JavaScript 面试题——假设有字符串 s 和整型 n，请生成一个以重复 n 次字符串 s 的长字符串。这在以前可能需要使用一个循环语句来实现，但在 ES2015 标准中则变得再简单不过。

```
// Syntax: string.repeat(<count>)

const str = 'foo'

str.repeat(2)  //=> "foofoo"
str.repart(1)  //=> "foo"
str.repeat(0)  //=> ""
str.repear(-1) //=> RangeError
```

Array 数组

Array 数组类型是 ECMAScript 中的一个非常重要的数据类型，可以大胆地估计有 99%的 JavaScript 项目都离不开 Array 类型的使用。工具类库 LoDash 为这个类型提供了很多除原生提供的 API 以外的方法。而 ES2015 标准则为 Array 类型提供了更多的实用方法。

Array.from()

在 ECMAScript 中存在很多类数组对象，如函数中的参数列对象、Set 类型，还有浏览器中的 NodeList、ClassList 等等。以前往往需要使用数组类型的 slice 方法来将它们转换为数组类型。

```
const slice = Array.prototype.slice

function fn() {
  const args = slice.call(arguments)
  console.log(args, args.length)
}

fn(1, 2, 3) //=> [1,2,3] 3
```

显然这样的代码看起来并不是太美观，为了解决这个问题，可以采用 Array.from() 方法。

```
function fn() {
  const args = Array.from(arguments)
  console.log(args, args.length)
}

fn(1, 2, 3) //=> [1,2,3] 3
```

除了函数的形参列表以外，还有很多类数组对象可以通过 Array.from() 方法来进行转换，如 NodeList 类型等。更甚者，Array.from() 还可以将**元素数量有限**的可迭代对象转换为数组，该数组的元素便是可迭代对象所输出的值。

```
// Set
const set = new Set()
set.add(1)
set.add(2)
set.add(3)
Array.from(set) //=> [1,2,3]

// NodeList
const buttonsNodeList = document.querySelectorAll('button')
Array.from(buttonsNodeList) //=> [<button ...>, ...]

// Generator (count limited)
function* genFn() {
  yield 1
  yield 2
  yield 3
}
Array.from(genFn()) //=> [1,2,3]

// Map.keys()
const map = new Map()
map.set('foo', 1)
map.set('bar', 2)
Array.from(map.keys()) //=> ['foo','bar']
```

Array.of()

这个 API 的用处非常容易理解，即将传入该方法的参数列表以数组的形式返回。

```
// Syntax: Array.of(member1[, member2[, member3, ...]])

Array.of()     //=> []
Array.of(1, 2) //=> [1,2]
```

Array.prototype.copyWithin()

这个方法用于在数组内的替换操作，即替换元素与被替换元素都是数组内的元素，其中接受以下三个参数：

- target，被替换元素的起始位置在数组内的索引值。
- start，替换元素的起始位置在数组内的索引值。
- end，替换元素结束位置在数组内的索引值，可选参数，默认为数组的长度。

参数 target、start 和 end 必须为整数。如果 start 为负，则其指定的索引位置等同于 length+start，length 为数组的长度，end 也是如此。

copyWithin()方法不要求其 this 值必须是一个数组对象，除此之外，copyWithin()是一个可变方法，它可以改变 this 对象本身，并且返回它，而不仅仅是它的拷贝。copyWithin()同样支持 TypedArray 类型，如 Int32Array 等。

```
[1, 2, 3, 4, 5].copyWithin(0, 3);
// [4, 5, 3, 4, 5]

[1, 2, 3, 4, 5].copyWithin(0, 3, 4);
// [4, 2, 3, 4, 5]

[1, 2, 3, 4, 5].copyWithin(0, -2, -1);
// [4, 2, 3, 4, 5]

[].copyWithin.call({length: 5, 3: 1}, 0, 3);
// {0: 1, 3: 1, length: 5}

// ES6 Typed Arrays are subclasses of Array
var i32a = new Int32Array([1, 2, 3, 4, 5]);

i32a.copyWithin(0, 2);
// Int32Array [3, 4, 5, 4, 5]

// On platforms that are not yet ES6 compliant:
[].copyWithin.call(new Int32Array([1, 2, 3, 4, 5]), 0, 3, 4);
// Int32Array [4, 2, 3, 4, 5]
```

Array.prototype.fill()

该方法可以将一个数组中指定区间中所有元素的值，都替换成某个固定的值，当置顶区间中的某些值为 undefined 则可以理解为填充。fill()方法接受以下三个参数：

- value，替换以后的值。
- start，区间开始的位置索引，可选参数，默认为 0。
- end，区间结束的位置索引，可选参数，默认为数组的长度。

与 copyWithin()方法中的 start 和 end 参数类似，fill()方法中的 start 参数和 end 参数在遇到负数的时候，便会从后面开始计算。

```
// Syntax: array.fill(value[, start[, end]])

[1, 2, 3].fill(4)              // [4, 4, 4]
[1, 2, 3].fill(4, 1)           // [1, 4, 4]
[1, 2, 3].fill(4, 1, 2)        // [1, 4, 3]
[1, 2, 3].fill(4, 1, 1)        // [1, 2, 3]
[1, 2, 3].fill(4, -3, -2)      // [4, 2, 3]
[1, 2, 3].fill(4, NaN, NaN)    // [1, 2, 3]
(new Array(3)).fill(4)         // [4, 4, 4]
[].fill.call({length: 3}, 4) // {0: 4, 1: 4, 2: 4, length: 3}
```

Array.prototype.find()

在 ES5 标准中，TC-39 为数组类型新增了 forEach()、map()和 every()等数个使用方法，这些方法在实际使用中都非常的实用，forEach()方法可以遍历整个数组，而 filter 可以过滤出数组中符合规则的元素，但偏偏没有满足在数组中寻找一个符合条件的元素这一需求的方法，所以 ES2015 为此补上了 find()方法。

```
// Syntax: array.find(callback[, thisArg])

const array = [
  { name: 'foo', age: 20 },
  { name: 'bar', age: 23 },
  { name: 'abc', age: 31 }
]

array.find(person => person.age % 2 === 0) //=> { name: 'foo', age: 20 }
```

Array.prototype.findIndex()

findIndex()方法与 find()方法相对应，find()方法返回的是符合条件的元素值本身，而 findIndex()方法则是返回第一个符合条件的元素的下标索引。

```
// Syntax: array.findIndex(callback[, thisArg])

const array = [
  { name: 'bar', age: 23 },
  { name: 'foo', age: 20 },
  { name: 'abc', age: 31 }
]

array.findIndex(person => person.age % 2 === 0) //=> 1
```

Object 对象

对象是 ECMAScript 中绝大部分数据的根源，如果说有 99%的 JavaScript 项目离不开对数组的应用，那么就有 99.99%的 JavaScript 项目都需要使用对象。

Object.assign()

在 JavaScript 项目的开发中，经常需要将一个对象的所有可遍历属性都拷贝到另外一个对象中，如默认配置与指定配置的合并。以前可能需要循环语句来遍历所有来源对象中的可遍历属性然后将对应的值赋予目标对象。Object.assign() 方法则可以用来简化这一过程。

```
// Syntax: Object.assign(target, ...sources)

const config = {
  name: 'foobar'
}
Object.assign({
  // Default config
  name: 'user',
  gender: 'male'
}, config) //=>
// {
//   name: 'foobar',
//   gender: 'male'
// }
```

但是需要注意的是，Object.assign() 并不能用来进行深拷贝，这意味着 Object.assign() 方法仅仅是将每一个来源对象的第一层可遍历属性值以相同的属性键赋予到了目标对象中。

```
const source = {
  foo: { bar: 1 }
}
const target = {}

Object.assign(target, source)
console.log(target.foo.bar) //=> 1
// 更改源对象的值
source.foo.bar = 2
console.log(target.foo.bar) //=> 2
```

`Object.is()`

ES2015 为开发者提供了一个新的用于判断两个值是否一致的 API——`Object.is()`，这个方法与 `===` 的判断结果大致相同。但 `Object.is()` 方法另外为几种情况—— `NaN`、`+0` 和 `-0` 做了特殊的处理。

`NaN` 表示 ECMAScript 中未定义或无法表达的数值，其全称是 Not a Number。那么两个 `NaN` 值是否相等呢？如果我们使用`===`语句来进行判断，结果是不相等，但 `Object.is()` 却给出了相反的答案。

```
// Syntax: Object.is(value1, value2)

// Number
Object.is(1, 1)                //=> true

// String
Object.is('foo', 'foo')         //=> true

// Object
const obj = { foo: 1 }
Object.is(obj, obj)             //=> true (same object)
Object.is({ foo: 1 }, { foo: 1 }) //=> false (same value)

// NaN
NaN === NaN                    //=> false
Object.is(NaN, NaN)             //=> true
```

还有一种情况便是 `+0` 和 `-0`。在数学中 0 是可以有方向的（正向和负向），带有正方向的 0 称为正向 0，而带有负方向的 0 则称为负向 0。在严谨的数学逻辑中，两种 0 显然是不相等的，例如，在微积分中两种 0 会带来不一样的运算结果。但是通过 `===` 来进行判断，答案却是两者相等，所以 `Object.is()` 方法便修复了这一问题。

```
const positiveZero = +0
const negitiveZero = -0

positiveZero === negitiveZero        //=> true
Object.is(positiveZero, negitiveZero) //=> false
```